策划委员会主任

黄居正 《建筑学报》执行主编

策划委员会成员（以姓氏笔画为序）

王　昀　北京大学

王　辉　都市实践建筑事务所

史　建　有方空间文化发展有限公司

刘文昕　中国建筑工业出版社

李兴钢　中国建筑设计院

金秋野　北京建筑大学

赵　清　南京瀚清堂设计

赵子宽　中国建筑工业出版社

黄居正　同前

东京的空间人类学

东京の空間人類学

[日] 阵内秀信 著

刘东洋＼郭屹民——译

中国建筑工业出版社

丛书序

在我社一直从事日文版图书引进出版工作的刘文昕编辑，十余年来与日本出版界和建筑界频繁交往，积累了不少人脉，手头也慢慢攒了些日本多家出版社出版的好书。因此，想确定一个框架，出版一套看起来少点儿陈腐气、多点儿新意的丛书，再三找我商议。感铭于他的执着和尚存的理想，于是答应帮忙，组织了几个爱书的学者、建筑师，借助他们的学识和眼光，一来讨论选书的原则，二来与平面设计师一道，确定适合这套图书的整体设计风格。

这套丛书的作者可谓形形色色，但都是博识渊深、敏瞻睿哲的大家。既有20世纪80年代因《街道的美学》、《外部空间设计》两部名著，为中国建筑界所熟知的芦原义信，又有著名建筑史家铃木博之、建筑批评家布野修司，当然，还有一批早已在建筑世界扬名立万的建筑师：内藤广、原广司、山本理显、安藤忠雄……

这些日文著作的文本内容，大多笔调轻松，文字畅达，普通人读来，也毫无违碍之感，脱去了专业书籍一贯高深莫测的精英色彩。建筑既然与每一个人的日常生活息息相关，那么，用平实的语言，去解读城市、建筑，阐释自己的建筑观，让普通人感受建筑的空间之美、形式之美，进而构筑、设计美的生活，这应该是建筑师、理论家的一种社会责任吧。

回想起来，我们对于日本建筑，其实并不陌生，在20世纪80、90年代，通过杂志、书籍等媒介的译介流布，早已耳熟能详了。不过，那时的我们，似乎又仅限于对作品的关注。可是，如果对作品背后人的了解付之阙如，那样的了解总归失之粗浅。有鉴于此，这套丛书，我们尽可能选入一些有关建筑师成长经历的著作，不仅仅是励志，更在于告诉读者，尤其是青年学生，建筑师这个职业，需要具备怎样的素养，才能最终达成自己的理想。

羊年春节，外出旅游腰缠万贯的中国游客在日本疯狂抢购，竟然导致马桶盖一类的普通商品断了货，着实让日本商家莫名惊诧了一番。这则新闻，转至国内，迅速占据了各大网站的头条，一时成了人们茶余饭后的谈资。虽然中国游客青睐的日本制造，国内市场并不短缺，质量也不见得那么不堪，但是，对于告别了物质匮乏，进入丰饶时代不久的部分国人来说，对好用、好看，即好设计的渴望，已成为选择商品的重要砝码。

这样的现象，值得深思。在日本制造的背后，如果没有一个强大的设计文化和设计思维所引领的制造业系统，很难设想，可以生产出与欧美相比也不遑多让的优秀产品。

建筑亦如是。为何日本现代建筑呈现出独特的性格，为何日本建筑师屡获普利茨克奖？日本建筑师如何思考传统与现代，又如何从日常生活中获得对建筑本质的认知？这套丛书将努力收入解码建筑师设计思维、剖析作品背后文化和美学因素的那些著作，因为，我们觉得，知其然，更当知其所以然！

黄居正

2015年5月

中文版序

我的《东京的空间人类学》一书初版发行于1985年，自那时起已经过去三十多年了。此次，能够在最重要的邻国中国出版这部著作的中文版，我在感到万分荣幸的同时，也着实地欣喜若狂。在建筑与都市领域，日本曾经在不同的阶段师从于中国；在受到中国莫大影响的同时，衍生出自身独特的文化。进而与中国、东南亚等一起，创造出了令人骄傲的世界文明一极。当我想到这些时，顿觉思绪万千！

到目前为止，这本书已经有了加利福尼亚大学出版社（University of California Press）出版的英文版*Tokyo: A Spatial Anthropology* (1995)，且已经成为外国人用来了解东京城市历史形成最基本的教科书。不过，这次能有机会让中文圈的各位人士阅读此书，对于我而言真是意想不到的幸事。

这本书的内容尽管是三十多年前写就的，不过值得庆幸的是，即便是在当下，它的价值也并未作古。自1992年以来，这本书依旧作为文库本受到持续的关注，而不断地重印。

在《东京的空间人类学》一书的开篇我就表述过，在看似风貌已经全然变化的当下东京，拿着从前的地图穿行游走，从中获知那些延续着历史的空间结构所给予的乐趣，正在被越来越多的人所理解。NHK播出的"BURATAMORI"（译者注：NHK自2008年起不定期播出的一组有关日本的游记节目）（我也从节目策划阶段便协助工作）就聚集了压倒性的人气。这般有点狂热的暴走街巷的体验，显然已经掀起了大众的潮流。

最近，从海外到访东京的人群在急速的增加。不仅是建筑师或建筑系的学生，即便是一般的游客，都会被那种独一无二的，东京特有的不可思议的性格所吸引，也都会被徜徉于这种复杂都市所收获的愉悦所打动。与在京都沉醉于纯粹的历史都市空间的体验不同，在完全不同的意义与层面上，东京带给我们的正是当代日本应有的感觉。

1985年《东京的空间人类学》出版的时候，正值所谓的泡沫经济时期。高层楼宇的兴建，大型开发项目接连成为现实，它们使得东京的都市面貌发生了非常大的变化。然而与之相反的是，最近这十年来，作为一种发人深思的现象就是，人们开始强烈地关注凹凸起伏、富于变化的东京地形了。我们可以看到随着都市变化加剧，更加剧了人们向往安定的场所——生活场所、活动场所的心态转变。在这种情形之下，现在我们又重新站在与《东京的空间人类学》相同的立场上，借助这座当代巨大都市的基础结构所赋予我们的力量，陆续出版这些描绘东京空间结构的研究成果，当然是令人欣喜的。

这一地形所涉及的领域如果说是同《东京的空间人类学》的"第一章'山手'的表层与深层"的内容相关联的话，那么"第二章'水城'的宇宙观"中的再评价以及对其再生必要性的强调则是对东京水岸空间的关注。幸运的是，这一点在近些年也得到了很大的提升。东京都倡导下开启的"隅田川文艺复兴"活动便是这其中的成果。此外，像2020年东京奥运会设施集中于海湾区域的声音，以及复活船运等诸多的议论也在不断地涌现。市民、政府、民企等立场不同的人们对水城东京魅力的关注正在不断地得到加强。

再追溯到之前，其实就在《东京的空间人类学》出版后不久，我就有幸参与了中国城市的实地调研。这其中首先就是关于水城的比较研究。这本书出版期间，时值日本的水岸热潮（waterfront boom）。当时美国的波士顿、纽约、旧金山、澳大利亚的悉尼，以及稍后的英国伦敦码头地区（Dockland）等，一时间各种欧美水岸的成功案例都被介绍到了日本，它们成为了当时日本水岸空间开发模仿的榜样。然而，对于日本而言，如果稍微了解一些江户历史的人就能明白，我们有着更加深层和多样的独特水城文化的经验与积蓄；因此，在我看来单纯地模仿欧美的案例是行不通的。于是，法政大学的阵内研究室开始了对亚洲水城再评价的挑战，并以中国江南流域的上海、苏州等周边散布的小型水乡古镇作为对象进行了调研。这是1998年的事情了。以曾在同济大学阮仪三教授门下学习的高村雅彦（现法政大学教授）为中心展开的调研，其成果首先收录在《中国的水乡都市——苏州及周边的水文化》（『中国の水郷都市 – 蘇州と周辺の水の文化』，阵内秀信编，鹿岛出版会，1993年）一书中。之后，高村个人也进一步取得了令人瞩目的研究成果，《中国江南都市与生活——水乡的环境形成》（『中国江南の都市とくらし – 水のまちの環境形成』，山川出版社，2000年）是他的集大成之作。

与此同时，在波士顿MIT召开的与东亚都市相关的国际会议（1984年）上认识清华大学朱自煊教授，并深入交流后，阵内研究室与朱教授的研究室一起对北京旧城区域进行了调查（1993～1994年）。以从被近代城市的发展所完全掩盖掉的过往历史中再现的东京作为对象，通过对古代地图的活用，及对实地详细的观察，我们能够获知从江户的结构中被延续而来的基层在东京几乎随处可见的空间特征探知经验，对北京旧城区域的调查起到了作用。运用这种方法，我们在《乾隆京城全图》中对过去状况具有详细描述的平民区域，对当时北京的中心区域所延续下来的街区、地块划分、建筑的构成，特别是四合院连片的住宅群落的构成进行了成功的解读。受江户传承延续的东京和以明清城市为基础的北京之间的共通性与差异性的解析，对我们而言是十分宝贵的经验。

像这样，《东京的空间人类学》一书中提出的城市阅读方法，对于中国的城市而言也可以认为是有效的。值得高兴的是，中国年轻一代的学者们正在发展这种方法，涌现出很多对中国城市构成进行详细研究的有价值的成果。事实上，在中国特别是近些年来，随着经济的蓬勃发展，有着悠久历史的城市也正面临着大规模的急速开发与变化。正因为如此，像本书所提及的那样，提升由历史所培育的土地固有性，重视与人类生活息息相关的城市空间活力（activity）的方法，对于提高和实现具有中国特色的城市改造是我所期望的。

我自身关于东京的研究，从泡沫时代开始的1980年代后期到泡沫破灭的1990年代前期，是处于休眠状态的。从开发的一边倒，以及试图用历史的视角进行调研的境遇变得极其困难的东京挣脱出来，以中国的调查为契机，进而对伊斯兰世界和以意大利为中心的地中海世界古代历史流域的城市调查的展开，成为了我对研究方法进行探索的又一个阶段。

之后，对欧亚大陆古代城市文明所在的各式各样地域的调查，提升了我对城市研究的经验，进而使我再次回到对东京研究的原点。在后（post）《东京的空间人类学》的主题及研究方法之间，我终于找到了再次切入的挑战机遇。

作为重要的成果之一就是，当以东京的历史作为"时间轴"进行考虑时，仅仅将近世的江户作为开始，现在看来我觉得是不够充分的。以东京的平民区作为基层来审视江户城市的视角事实上是有效的。不把江户与东京切分开，而是把"江户东京学"作为整体考察的想法，的确能够获得很多成果。不过，对于起伏地形与城市发展关系的考察，其间将涌水的分布和水系相结合的构想，现在看来似乎有必要将目光投向更久远的古代中世。也就是需要对基层作更深入的挖掘。

同时，在作为研究对象范围的"空间轴"上，我也觉得不仅仅是要对基本位于都心部山手线内侧的江户市域进行考察，其外侧广阔的、曾经也是江户近郊的农村区域也是有必要给予关注的。此外，我还考虑过对自己自幼成长于斯的杉并区成宗区域的原有风貌进行调查。那里在1960年开始的经济高估成长期之前，一直都延续着武藏野典型的风貌。通过对那些空间结构特制的解读，起伏地形、水系、涌水、古代中世的宗教空间、考古学的成果，我们能够想到的要素会不断地涌现和加深。

"水城"的概念也是将从日本桥到隅田川、深川之间的广阔区域纳入研究范围所形成的视野，它是对之前仅仅将都心、下町作为调查对象的既有方式的巨大突破。在江户的山手地区，进而是武藏野、多摩地区，还存在着涌水、池、大大小小的河流、水渠、水沟等，各种水资源与有机的水系错综交织。只有将那里包括在内，我们才能来谈"水城东京"。对于这一点我至今深信不疑！

如此说来，像这样的研究出发点正是《东京的空间人类学》中所包括的。以此作为出发点，可以在各种不同方向上展开更加多样的研究。通过这本对我而言最为重要著作的中文版的推出，纵览东亚城市的风貌，以此加深中日两国在比较研究方面的交流，是我衷心期待的。

最后，对为本书中文版得以出版而竭尽全力的郭屹民先生、译者刘东洋先生、编辑刘文昕先生与张建女士表示最诚挚的敬意！

阵内秀信

英文版序

很高兴能够为此书作序，并通过此文，将阵内秀信的这本书介绍给英语世界的读者。《东京的空间人类学》是一项整体工作的一部分。该书对今日东京形态及其江户时代的土地、文化、传统根源的描述，该书的洞见和分析方法，都是非常有价值的东西。

阵内秀信带着用双脚去了解城市的信念，在江户时代城市规划者的传统方法和诸如坚持"观察城市和伟大街道"的阿兰·雅各布斯教授（Professor Allan Jacobs）这些现代城市规划师的方法之间搭起了一座桥梁——步行；感受那些石头；用自己的双脚去阅读城市。但是阵内秀信教授还增添了另外一个维度。当他在现代东京的闹市里穿行时（或是泛舟于残存的河道中时），阵内秀信手上拿的是江户时代的地图——他要穿越纸上 400 年的时间，去查看那些江户时代的稻田、店铺、住宅区、寺庙群，这样，他就把我们的心灵带向了某些重要的感悟。

尽管在今日东京城里已经很难找到上百年时间的房子了，可几百年前先人所建立的土地开发模式仍在塑造着现代城市。地貌形态、河流流向、稻作与木构文化、等级化的藩主、武士、平民的社会结构以及宗教活动，仍在塑造着今日的街道、地块、建筑朝向、住区的布局和性格。一座城市的形态是需要时间的积淀才会形成，而其基本骨架也需要跨越几百年的历程和诸多建筑的聚合才能形成。阵内秀信引领着我们一路从藩主住区追踪到它们成为现代旅馆、公园、大学区，从武士住宅成为今日"工薪阶层"住宅的演化历程。

最近几年，人们每每会把城市设计看成并做成"大建筑"，人们总会在城市设计中聚焦于复杂建筑和建筑群的设计。但是城市的塑形源于诸多力量，也需要漫长的时间。正是自然以及街道、公共场所、土地产权、开发模式，塑造着并激发着城市的生命力。我们到了该更多了解这些事情的时候了：我们应当知道这些要素是怎么来的，我们该如何设计、再设计这些场所，以便在城市生活中维系它们的位置？阵内秀信教授的著作帮助我们所聚焦的正是这些城市里的要素，而不是一个个孤立的建筑物和那些更易看见的基础设施。对于所有关心城市的人来说，阅读此书都会有所收获。这样，当您独自行走在诸如纽约的格林威治村或下城，巴黎的圣日耳曼，或是东京的麻布、三田、浅草这类地段时，就会睁大眼睛、敞开心扉地去感受城市了。

加州大学伯克利分校建筑学院教授、名誉院长

理查德·本德（Richard Bender）

日文版序

我每次总是要向访问东京的外国客人们作如下说明：

"东京是世界都城中的异类。这是因为有着上百年历史的房子，已经是很难找到的了⋯⋯"

大地震（1923年）与战争已经将东京的大部分化为焦土与废墟。并且经济高度成长期的破坏与改造，使得城市的风貌再度变样。摄取西洋文明的贪欲而来的，明治时期独特的城市风貌（1868～1912年），如今也只有在电影和照片上才有可能看到了。也就是说，我们今天处在一个异常的状态中，一个彻底失去自己过往容颜的巨大城市的东京⋯⋯

相比之下，我不久前曾经首次访问过美国，对在纽约的所见我大感惊讶。因为一直以来，我都把纽约想象成当代文明的先锋城市，在某种意义上，也是东京的样板。而事实上，纽约城基本上是由许多19世纪后半叶和20世纪上半叶的老建筑所构成的。这其中就包括了构成城市天际线的、带着厚重样式的1920、1930年代的摩天楼，赋予这座城市以浓烈的性格。其中，帝国大厦和克莱斯勒大厦就是以"装饰艺术风"（art deco）的风格而闻名的。这些建筑除了作为真正的建筑杰作之外，它们的灯光照明还是夜晚一景。即使在今天，它们也是纽约骄傲的象征。不仅那个时代的建筑根本没有过时，就是与今天所谓最现代的摩天大楼并置也像是在彼此竞艳，试比谁的设计最不寻常，最能在更老的建筑中跳出来似的。沿着中央公园边上那些风格鲜明的公寓楼边走过，沿着格林威治村那些优雅的住宅走过，我怀疑自己是否真的身在纽约。这些地方给我一种强烈的印象，那个能给世界带来最时尚当代文化的纽约，也是一座漂亮的老城。

然而，多数建筑曾在1920年代和1930年代被毁、没有几栋老建筑能留存下来的东京，跟纽约相比却并不一定就是乏味的。除了市中心区那块最早的开发地带之外，曼哈顿半岛几乎都被19世纪上半叶所铺设的方格网成功地支配着。南北向宽阔的大道以及东西向的街，严格地构成了这座城市的骨架。于是，在纽约，您想找任何一栋建筑物，都很容易、便捷。在这过于单纯明快的城市空间之中，用不了几天，就会开始感觉到乏味。

与此相对的是，从近代理性主义者对清晰性的崇尚角度来看，在东京的城市空间中，人们是很难找到一种整体图像性的。即便是随着时间的推移，东京有味道的老房子越来越少，街道和街区都在失去它们的性格。但是人们行走在东京的街道上时，却能够遭遇意料之外的地形变化。在山手能感受到山坡和陡崖、曲折的道路、守护的树林与宅邸的植被；在下町能感受到运河和桥、小巷和商店尽端的盆栽，以及市场的热闹等不断涌现出的景观变化。对于漫步于东京的人来说，前方总有不可预料的东西在等着。东京或许没有纽约城里那么古老的建筑物，但是每一个场所却都有着需要一定历史才能滋养出来的独特氛围，而正是这些氛围造就了东京。晚近的时候，我们开始看到建筑精品的出现，这些建筑的设计洋溢着利用环境文脉把基地当成整体考虑的当代人所具有的敏感意识。然而，在我们日常生活的潮涌中，当我们已经习惯了每天乘地铁、驾车出行之后，我们越来越没有时间步行去享受我们的城市了。结果，我们对于这些场所的魅力开始变得越来越不敏感。

如果这样认为的话，虽说东京连百余年的老房子都几乎没有，就对东京失去了过往容颜而大加哀叹，显然是为时尚早。相反，我们应该把东京视为一座在用地条件上有着如此丰富多样性的城市，它有着从江户时代以来（1600～1867年）所形成的城市结构与历史的、传统的空间骨架所构成的新旧要素的交织，由此产生出世上独一无二的独特城市空间。

对了，领着外国朋友去东京城里走一走，是对已经司空见惯了的东京街巷产生新鲜感的一种有效的方法。特别是对我而言，因为在石造城市文化的国度意大利有许多友人，并且他们也对日本城市怀着强烈的好奇心以及丰富的感受性。当我陪着意大利友人游走于日本城市时，我很乐意倾听他们对于日本城市的印象，以及从回答他们尖锐的提问当中，获得对我自己通常都不太会关注的日本城市空间本来面貌的了悟机会。

这样的经历在重复了若干年后，使我有机会给一群学习景观和建筑的美国大学生们用幻灯片的形式且用英语讲述东京的形成。虽说我的专业是建筑与城市史，但我却觉得给外国人讲述历史本身并没有太大的意义，而应该整合历史研究的方法，来解读作为现在东京的那些形成的结果具有怎样的特征。讲座被冠以"东京城市空间的修辞法"的题目，这样能够让外国的听众觉得新奇，并试图去揭开东京城市空间里的那些秘密。这一系列讲座从地形、道路和土地使用的角度，来解释东京山手与下町地区各自的形成。以此证明江户时代的东京与后来各个时期的东京之间是存在着连续性的。近代的结构至今仍然是当代东京的基石。接着，在此基础上通过组合城市与建筑的尺度感；城市与自然的联系，特别是水岸空间的构成；城市中的轴线与对称以及地标的有无；基地内建筑物的布局方法；贯穿建筑意匠至城市空间的各式各样的"和洋折中"等，我尝试解释日本独特空间的组织线索。这就意味着我不得不解释——也只有当我们面对外国人时才会让我们自己也去搞个明白——统领着我们最为日常化的城市空间的那些东西。当我举办系列讲座时，我自己倒是想明白了，一旦我们把近世早期的江户和近代东京割裂开来，我们就完全抓不住今日东京的特征；今日东京的特色必须要从江户和东京的近代这两个时期的要素混合的结果中去把握。

即便如此，实现那种江户–东京的近世与近代的相互映衬，以此获取贯通这两个时代的连续的图景难道不是很有必要的吗？近来被提倡的"江户东京学"的观点（小木新造. 期望的江户东京学. 文学，1983 年 4 月），就是反对江户是江户、东京是东京的个别化城市对象的选取，而是以时间的贯穿来立体地呈现，这无疑是值得高度评价的。

特别是连绵持续的城市生成的观点对于我们的领域而言，我认为是极其重要的。一次性地被严格整合而来的城市，依照新时代的一纸规划而突如其来地摇身一变，这首先就是不可能的。并且，为了迎合明治维新，东京作为城下町（译者注：以城郭为中心建立起来的城市）的几重围合的封闭体系的城市，切换成为开放体系，也是在基本沿袭了过往城市形态的同时，在各个不同地块中完成了巧妙的内部置换，以柔和的方式实现了近代化的演变。

自文明开化以来，尽管东京是把西方城市当作自己的榜样的，但却并非是将外国文化作为一个完整系统毫无保留地导入的。经历了看得见与看不见的试错学习以及日本流的解读，才把西方的建筑与城市造型手法逐渐整合于日本传统城市的文脉中。结果，才有日本独有的城市空间和景观的形成。而且，像这样摄取异文化的方式恐怕即使在今天也没有发生太大的变化。经过了如此这般对日本城市特征的呈现以及对其魅力的探究，那些把江户时代的城市与明治以后的近代城市完全分开的做法，显而易见是毫无意义的。

这样，当我们能够把当代东京当作江户东京这么一个历史贯穿的一部分去看待时，我们就会在城市的空间结构或是景观的结构中发现如下三个重要时期。

首先，在东京城市骨架的确立上最具决定性的，无论怎么说都应该是江户的城市了。在这一时期里，地形条件在江户这座城市的形成过程中扮演着最为突出的角色。江户这座城市位于武藏野丘陵突出的部位上，俯瞰着东京湾。这里有着创造城市环境和城市景观的理想条件；而且，因为江户是大型的城下町，因此它将武士、平民和农民阶层相对应的地形分割巧妙地与地形关系相关联，为此建立起道路与运河的有效体系。由此，出现了与各个阶层相适宜的居住环境及建筑形态。地势起伏变化丰富的山手地区成为了夸耀的武士阶层的生活空间，而在靠近河口的人造土地上依靠运河发展起来的下町地区则是平民的生活空间。

也许从广义上而言，我们可以通过两种途径去认识城市。一方面，我们可以把城市当成是基于某些当权者或领导者的构想而人工创造出来的产物，这样的过程只有在所谓明确的时代精神和城市理念下才有可能。另一方面，我们可以把城市视为由人们的生活所形成的空间；在城市中生活、行动的人们，其各式各样经营的积蓄赋予城市空间某种意义，带来丰富的意象。通常文学对于城市的讨论，就是从这一立场出发的。

如果用这样的观点来看江户城市形成的话，我们就可以获得以下的观点。首先，早期江户的确是遵从当政者们那种建设一个理想化城下町的明确意图形成的。但在经历了明历（1657 年）大火之后，特别是江户中期之后，这座城市的发展已经超出了城下町的格局。并且由于城市向着由丰富的自然环境所围绕的周边地带发展，山手地带作为"田园城市"（川添登，《东京的原风景》），下町地区作为"水城"，无论是上述哪个地区都被当作是"可以生活的空间"，而在城市中极具魅力。

今日的东京，难道不正是继续生存于这些町区的来由中吗；即便是近代生活方式下的西式建筑或近代交通方式的引入，都无法轻易动摇东京业已成型的基本骨架。江户的街道还是提供了某种基础，近代、当代东京的城区也只是在具有上述性格的江户町的基础上叠加而来的。

城市形成的第二阶段是从文明开化的明治东京开始的。这一时代是在江户的积蓄之上，以柔和的方式将西洋的要素导入，来推动近代化的发展。特别是随着幕府的倒台，失去主人的大名宅邸空地却成为了近代国家首都东京各种必要的城市机构能够利用的场所，而被再度激活。作为城市基本骨架的用地划分和形状基本上没有发生变化，但是土地的用途却发生了变更，其间作为内容的建筑也因为需要适应文明开化而被置换成西洋样式，由此实现了与新时代的顺利对接。

开始接受其他文化的明治东京，在其地块划分以及建筑设计方面简直就是一个试错的实验场。各种新旧要素错综混杂在一起，着实有趣。就像是徜徉于现在东京的外国人所常常会留意到的那样，新旧要素奇妙而独特的混合，展现了明治东京的城市遗产时至今日仍然被延续着。

然而在诸多时候，明治初期的东京只是在个体建筑物身上才有着明显的西化特点，整体城市架构或背景还是江户时代的。到了明治后期，人们已经无法想象由那么多房子组成了整个城区，或是把城市想象成一个大的城市空间了。于是，人们开始更多地关注于如何在个体建筑和个体地块之中体现文明开化之后的精神表现了。

相对于通过重要的单体元素表达新的时代精神，明治时代的东京在更大程度上是在吃江户时代城市遗产的老本。在大正晚期和昭和初期的 1920 年代，借助于西方城市规划思想的引进和对城市空间建设方法的深入了解，东京的城市骨架或文脉沿着近代化道路得到了重塑。我们因此可以把这一时期当成是城市形成过程中的第三阶段。与明治时期维新之光只是照射到了国家建筑以及由国家财政投资入股的那些建筑身上所不同的是，1920 年代开始的近代化渗透到了容纳着人们真实生活的日常城市空间中。不仅仅是功能性与实用性，人们还开始追求美观与舒适。在"大正民主"思想的支配下，近代精神在整个东京的各个角落都创造出具有近代风格的城市空间。在人们对城市空间、街道景观的平衡怀有强烈意识的同时，道路、街角、广场，甚至是公园这些今天我们在城市中可以享受到的几乎所有城市空间，都是在这一时期被创造出来的。这一时期，市民、专家，以及各个行政部门都对东京的城市抱有极大的热情。可以毫不夸张地说，东京当下模样的雏形就是在这一时期创造出来的。

作为结果，现在东京的街巷可以说就是上述三个历史时期层积的结果；并且它们从根本上把握着东京的方向，抑或是以种种方式呈现着它们的容颜，由此展现出与西方城市不同的、这个城市所特有的面貌。

我们已经见证了发展成为繁华国际城市的、充满着活力的东京。而在本书中，我们将这个东京作为对象，从上述认识出发，以各种不同的角度对东京作解剖式的切片，从深层对其空间结构特征作尽可能立体的描述。我希望通过挖掘和剖析东京城市空间的发展历程以及城市景观所表现出来的个性，为我们今后的东京讨论达到应有的深度提供一种共享的基础。并且在各个地区，无论是为了推动各自创造最大限度体现着自己特殊品质的街区，还是考虑各个街角具有丰富表情的建筑设计，我都坚信我们的研究成果都能够为之提供有效的指南。

阵内秀信

目录

第一章 「山手」的表层与深层

城市的阅读方法

最近，出版界见证了一场"城市"话题的热潮，特别是"江户·东京热"一直未有衰退的迹象。经济高速增长期常见的有关对未来城市的幻想早已踪迹全无，转而将关注点聚焦于历史与文化上。显然，人们的思考正在向城市与环境激烈地转变。

话虽如此，但是对于自明治以后快步进入近代时期，面对着不断重复拆建的我们日本人，对于我们城市环境形成过程的意识却不能不说是不够强烈的。多数有关城市环境的书籍最多也就是停留于情感的抒发及怀古的叙述。或者倾向于以热切的视线聚焦于"城市论"这一时髦的话题。但如果自晚近开始的"城市热"不只停留在高度关注的层面的话，那么为了改革城市街道的设计方法，确立与城市建设相关认知的学问，对于当下而言就显得十分重要了。

对于想要把东京作为一种城市空间去看待它的历史遗产，还是有多种方法和立场的。最简单也是最正统的方法就是对保留下来的老房子一栋一栋地调研。以文化遗产级别的社寺、近代初期的西洋式建筑为主，随着近期研究人员关注度的拓展，极其普通的町家（译者注：平民的前店后宅式住宅）、长屋（译者注：日本町人地里巷里的出租屋）和街角无名的近代建筑等都成为了调研的对象。此外，与把这些历史性建筑物作为点的调研相对的是，沿着街道作为线性延伸的具有渊源的建筑物，与历史传说、地形相联系的坡道的由来等，都被记述成为意味深长的著作。

可是，现在的街巷中被继承下来的物质性历史要素难道只有这么一点东西吗？东京城市的骨架真的是由震灾、战争，进而是经济高度成长下的破坏、改造，而发生了根本性变化了吗？

假如我们拿着江户时期的老地图，试着穿行于今日东京的街巷。幕府晚期的地图上所绘出的任何一个城市街区都完美地呈现江户的结构。而在充斥着各种信息的现代地图上，却完全无法辨识出东京城市的清晰骨架，而只能浮现于由建筑物和高架路所形成的混沌表层之间，这种新鲜的感觉也使得街巷间的穿行变得不可思议。由此，也印证了江户的结构基本上被现在的东京所继承下来的事实。

于是，即使是在东京这样号称是城市沙漠的地方，也会因视线的游移而产生完全不同的景象。当我们把注意力聚焦于我们通常会忽视的场所时，就能发现与其来由相关的个性丰富的表情。也因此能够获得对于我们自身所处城市的全新认知。

如此"阅读城市"的乐趣，最初是我在水城威尼斯留学期间，在迷宫般的街道中来回穿行作调研时体会到的。与威尼斯，与那些吸引游客的圣马可广场、大教堂、贵族府邸相比，那些小房子、小广场、后街、运河相互缠绕所形成的有机的、作为生活场所的城市整体才是其真正的魅力所在。要解开这些脉络，人们就需要手里拿着地图，从城市的一端走到另一端，从一条运河去往另外一条运河，从房子里面走到房子的外面，进行充分的观察。没有机动车的水城威尼斯对我这样一个好奇的观者来说，是最适合的安心工作之处。

此外，在最早意识到现代城市规划危险的意大利，在严重的经济危机面前，却有着重新思考如何再生古城中那些令人印象深刻的生活空间的高涨意识，不断地推进着确立在此基础上的分析方法。我很幸运，一方面能够接触到这些崭新的学问，另一方面也能够实际地徘徊于威尼斯的迷宫空间之中，全身心地投入到对其中内在秩序的解读与调研之中。这是发生在1975年左右的事情（拙作《都市的复兴》）。

回国之后不久，以这些威尼斯的经验作为基础，我最终下决心开始对巨大而混沌的大都会东京进行调查。首先遭遇的问题是砖、石文化与木文化之间的差异。与威尼斯多数建筑物都可以追溯至中世纪不同，在东京即便是要找到一间百年前的房子，都需要费尽周折。

不过，一个业已成型的城市结构，比如说木文化，显然是不会轻易消失的。这回作为一次尝试，我把描绘在一张幕府晚期局部平面图上的道路网络与大名（译者注：大名，即领主）、旗本（译者注：旗本，直属于将军大本营的那些武士）屋敷、组屋敷（译者注："组"是江户时代大名军队的组织单位，"组屋敷"是以"组"为团体的住宅）、寺社地带、市民地带、百姓地带等不同用途的土地，在1:2500的地图上试着进行复原。在局部平面图中记录的那些存在着明显变形，或是在现在地图上变化巨大的地方，借助于明治的准确地图（1883～1884年，参谋本部测量局1:5000东京图、1896年东京邮政电信局地图等），我基本完成了复原的工作。令我惊讶的是，不仅是老的江户街道，甚至其分区模式以及地块边界，基本上都与现状相重合。从这么一个一眼望去混沌的东京之中，却浮现出极为明快的整体城市结构。

如此，我把旧江户的市内［基本囊括了山手线（译者注：东京城区里切着山根地形行驶的JR轨道交通线）内侧；山手高地的周边］全部复原之后，拿着自己叠加出来的复合地图，再一次对这一地区进行了彻底的走访。如同我当年徘徊在威尼斯的街巷那样。对于已经习惯于乘坐地铁或驾车行驶于高速公路的我们而言，在迷失了城市整体形象的同时，也对与生活密切相关的街道所蕴藏的丰富表情变得迟钝。在这个意义上，对于"阅读城市"来说，无论如何用自己的双脚去行走，来获得空间体验真的是非常必要的。只有那样，我们才能第一次理解同连绵起伏的地形相关联的东京街巷的成因。此外，我们也能够从城下町的江户地区的性格差异中，逐渐明白现在的东京是如何以各种不同的形式延续和继承下来的。比如，当我们行进在山手地带时，在台地以尾根道为中心的昔日武家地区，已被开发成安静的住宅区与学校；与此相对的坡地下方，沿着山谷道路两侧的江户时期平民区，仍延续着往日喧嚣的商业街，这就是现状。

城市是由各种各样的要素集结而成的。不过，不管是建筑物还是道路，都不是孤立出现的，而是由某种语法被结构化，在文脉中彼此关联。如果我们的方法得当，城市并不难读。在东京身上，当年巨大的城下町江户开始形成时，就已经浮现出日后东京各种性格的端倪了。对于理解貌似混乱的当代东京来说，没有什么方法比游走街道，直接体验地貌，理解土地使用格局的历史成因，从而理解东京混乱背后的空间骨架更为有效了。

这样的工作也会帮助我们理解江户本身——理解这么一座在许多人看来已经不再和当代发生关联的城市。我们自己重绘的地图提供了各种完整的信息，包括区位、地块精确尺寸、地面标高等。这样的复原图使得我们可以把握当时人们建设这类邻里和住区时的那些技术。我们会精细解读江户时代诸多片区组成城市的原理。这样的方法也是解读其他地方城市生长过程的基石。不过，我们惊讶地发现，这种方法尤其适合像东京这样变化速度惊人、似乎已经跟过去隔离的大都市。

另外，在这样操作的同时，这些历史的结构是如何在根底上支撑起现在东京城市街巷的事实也将获得答案。它与对现在城市如何成立的理解直接关联，由此使得活生生的都市史研究成为了可能。

首先在这一节里我将展示一下，当我把此调查方法运用到很少被讨论到的"东京·山手"地带并试图提供一种有关该地区起源和生长过程的记述时所发生的事情。

地形、道路、土地利用

从江户·东京的町如何成立开始解读的话，首先需要对城市形成的方法进行规定，有必要关注建立方向的原地形。接下来，我分析的是城市居民自己建造的路网。最后，我会查看每一个街区构成中的土地使用模式。

当我们从这一视角出发重新审视东京时，我们会惊讶于东京的个性是那么成功地被突显了出来。在城市的背景中，是什么东西让东京的性格得以发展起来的呢？当我们调查东京地形时，我们首先就会注意到，多样的地形才是这座城市的骄傲；我们也会意识到，依据地形而建的东京有着多么卓越的智慧和经验。

江户居城地带显示出一个典型城下町的所有特征：它的居城（译者注：皇居城堡）矗立在武藏野台地的端头上；平民区落在东侧，处在冲积平原的低地上；西边，那片洪积平原的台地上，是山手地带武士们聚居的地方。山手地带肯定不是一处平整连续的高地。上面的河流在高地上刻出丘陵和谷地，赋予了土地诸多褶皱。东京跟罗马一样也有七丘：分别是上野台地、本乡台地、小石川—目白台地、牛込台地、四谷—麹町台地、赤坂—麻布台地、芝—白金台地。在这些台地之间贯穿着五处谷地：分别是千駄木—不忍谷、指谷谷、平川谷、溜池谷、古川谷。正是这些河谷与山丘之间的交错关系才是在东京这座城市的建造方式中起着关键性作用的东西。

山手地带又分出三个区，它们都把江户居城（也就是今天的皇居）当成焦点：（北于居城的）城北地区，（西于居城的）城西地区，（南于居城的）城南地区。武藏野台地本身是个山地多样的台地；上面由神田川（也就是平河）作为一条分界线，明确划分出武藏野坡地上的城北地区和下末吉台地上的城南地区（图1）。

平川的北侧首先是"城北地区"。从这里往东依次是上野台地、千驮木—不忍谷、本乡台地、指谷谷、小石川—目白台地，台地与河谷相互交错。也就是说，在台地与台地之间广阔的谷地幅员中形成了基本上南北向直线深入腹地的形态。而且由于支谷较少，因此形成了比较单纯的谷地形态特征。这是由于武藏野面的成形时间，与南侧的下末吉面相比还非常短的缘故。

另一方面，在平川的南侧，三宅坂下、迎宾馆（旧赤坂离宫）南池、新宿御苑沿线北侧是城西地区，这其中也包括了牛込台地和四谷—麹町台地。这一地区尽管与下面要说到的城南地区同样都属于下末吉面，但是它们之间在地形上却有着显著的不同。这一城西地区的特征与城南相比，在于强化台地的陡峭谷要少很多，并且多是较浅较缓的。结果是台地的面更加平坦，也因此成为中下级武家地较早规划的场所。

往南的城南地区，从溜池谷、古川谷这样的大谷地分化出若干侧向河谷，这也正是下末吉台地的突出特征。这些侧向河谷一直蔓延到山侧，形成了许多陡峭的崖面。这里，沿着岛状山体，存在很多舌状的突出高地。这一复杂地形意味着其与其他地区的不同，这里的山体太多。多变的山体高地倒是十分理想的居住宅地；于是，这里就成了大名们的主要领地。

跟这种地形结合紧密的是作为城市骨架的道路系统。我们很容易就会发现当年人们铺设这些道路时的指导方针或是原则。在山手地带上不管我们看什么地方，我们都会看到由两类道路所构成的二元结构：那些跟着山脊走的道路（"尾根系"），以及那些跟着河谷地形走的道路（"谷系"）。诸多的坡地（"坂"）其实是这两种道路相遇时创造出来的。这是一种在山手地带普遍存在的现象。这一格局源自江户人民的集体习惯，是长期历史经验和地方性常识智慧的结晶。我们或许可以将之视为日本在人类学意义上的空间结构的一个组成部分。

如果我们把江户时代的主要道路网叠加到今天的城市上去的话，我们会注意到那些道路是分成若干类型的。首先，那时从江户居城中心放射出来的主要道路都是一些山脊上的主路。比如，当时的中仙道——如今的本乡通——就是沿着本乡台地的山脊走的；从江户一直通到开省的甲州街道是沿着四谷—麹町台地的山脊走的；厚木街道（现青山通）——是沿着赤坂·麻布台地的山脊走的。如果我们今天走在这些道路上，看着侧向路都是沿坡下去的话，我们就会意识到我们正走在一道山脊上。

1590年，也就是德川家康（译者注：日本安土至桃山时期的武将和大名，1542~1616）准备把江户居城当作据点时，他就开始了这项把山脊作为区域性交通联系路网的计划。不过，在这之前，太田道灌（译者注：日本室町时代后期的武将，以筑江户城闻名，1432~1486）于1465年建造居城时，有些山脊路已经成型。这类沿山脊铺设放射路的例子或许在城北区最容易找到。在这个地区，三条区域性道路形成了这里的脊椎：沿着本乡台地山脊走的中仙道、沿着小石川台地山脊走的春日通，以及沿着目白台地山脊走的目白通。

而"环脊路"则把当时这些区域性放射状的高等级道路串联起来，形成

[图2] 山手地带的地形与道路的分类

●●●● 街道
━━━ 环山脊道路
─── 支路
○○○○ 谷道

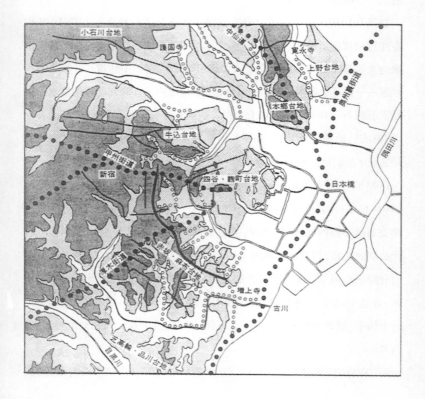

了真正意义上的江户山手线。这里，城西和城南的环路特别值得一提。这是一条从六本木交叉口到芝公园［这个公园是明治六年（1873年）在增上寺的寺址基础上形成的公园］之间的直路。这条路就在东京塔的影子下走过。从明历大火之后，这条路就被当成了承担江户有序扩张重任的道路。

接下来出现的是支路。它们服务的是从城市七丘伸出来的诸多舌头状小山上的住宅区。这种次级山脊路在城南区特别发达，因为这里的地形太过复杂。这些支路为那种数家一起开发的下级武士组屋敷提供了方便。

于是，对于那些深入武藏野台地丛林里的次级山脊路而言，是存在着清晰的空间序列的。沿着这些支路出现的，就是江户时代武士各阶层的组织，从藩主府邸，到服务人员的联体住宅，到武家用地，武士们一级级地建起他们的住宅。

这些穿越了武士住区的高等级道路和规划路都是伴随着江户城下町的形成而出现的道路。但是，更早的古代路网其实在东京早就存在了。在德川家康进驻江户居城之前，武藏野台地上的诸多河谷和河流沿岸就已经有了许多村庄，有人已经把沿岸的土地开垦成为农田。这些乡间道路在尾根的鞍脊部位交叉，把一个个村庄连接了起来。

这其中的缘由，那就要追溯到江户时代之前古代寺庙的形成了。以麻布那里最为重要的善福寺为例。作为真言宗的一派，善福寺是早在公元9世纪时在东侧山坡的吉地上建造出来的。如今，当访客们走向这座寺庙时，他们是从谷下路走过来的。庙产里的苍山翠草都是寺庙的背景。非常有可能，这条寺路就是最初的那条路径。而它也就处在构成了日本村落原型路网的空间结构之中。

正是旧时居住在水边低地上的农民们为日后山手住区的形成奠定了发展的方向。一旦前江户时代的乡村路网成了江户城下町的一部分，独特的城市结构、土地利用模式和城市景观就开始浮现了。高地上那些杂木林被清理出来之后，变成了武家开发用地；而河谷路边的农宅则被转化成为了平民居住的町家住区。这样，山手地带的低洼地里就出现了热闹的平民居住的带状町区。今天，即使当初的町家已经全都消失，像音羽町、麻布日下洼町这样的地方还是会让今人感受到某种特殊的氛围，就是那里的建筑排布与起伏的地形有着密切的联系。

如果我们利用不同时期的文献史料和古地图去追溯城市的形成过程的话，我们就可以看到，城市是怎样以两种不太相同的方式向江户居城的护城河外拓展出去的。

首先，那些大名屋敷、下级武士组屋敷、平民町区都是沿着主尾根道的轴线连续地蔓延出去的。城市沿其主要放射路线性地蔓延出去的现象无论在东方城市还是西方城市里都是很常见的事情；这是城市生长中很自然的机制。在江户，这种线性蔓延的情形主要发生在高台的主要山脊路上——中山道，就是今日的本乡通、甲州大道、厚木大道，（今日的青山通）沿线就是如此——特别是在城北和城南地区。但是我们不能忘记在这种城市扩散方式的背后是江户固有的独特开发模式在起作用。对于每一条山手地带山脊路来说，都对应着一条河谷路。我们已经看到了，沿着这些河谷路上的农宅已经让位于平民的町家，这也就鼓励了城市建成区的扩张。这是一种只有在湿地稻作文化里才有的特殊现象。

其次，大名屋敷一般都建得如碉堡一般，矗立在高地或是孤岛般的小山上；在这些碉堡的下面，被藩主统治的农民住区变成了町人地。这样一来，城市的聚居地是围绕着许多分散的点展开的。这样的机制也许是世上绝无仅有的。那是日本武家社会的特殊制度叠加在江户周围复杂多变的地形上的结果。而这样地形跟开发之间紧密结合的例子，在江户居城的南侧，也就是麻布和白金地区特别常见。

江户的山手，我们可以看到就是以上述两种机制为基础，不断地连续、扩大发展而来的。

如果我们想把东京城市结构当作文本去阅读的话，其中，"神圣空间"（诸如寺社）的布局是条极为重要的线索。江户时代的三大名寺——浅草的浅草寺、东叡山的宽永寺、芝白的增上寺，都是根据道家的阴阳相地法则选址的。宽永寺是1625年在上野台地上落成的，它所在的位置正是江户居城的西南向，也是鬼门方位。增上寺是在1598年为了镇守西南区才被搬迁到了赤坂—麻布台地东端的。环绕着这三大寺庙，周围都是寺地。当这些寺庙被建造的时候，城市建成区还没有抵达寺地这里。那时人们的想法是要用这些处在城市周围远处高地上的寺庙去镇守城市。同样，当时在江户城内的寺庙在选址时也要尽量回避拥挤的街道，试图与城郊的自然环境融合在一起。特别是在山手地带，寺庙的选址都有着富于象征意义的结构：这些寺院通常都建在山顶，有远景可以眺望，周围都是林木，只有一条路或是台阶可以上山。

因为这些寺院经常会处在主要区域性道路的入口处，周围聚集着住区，它们也就成了城市的保护者。因为寺院周围就是庙会空间，所以，也就容易吸引城市建成区发展和扩张过来。在江户，因为城市的发展是一个阶段一个阶段的，所以，寺院的布局也是一层一层的。一旦一座寺院被城市延伸过来的街区包围起来，通常看上去，就像老城有意要沿着放射路发展过来似的。

在欧洲，城市的扩张常常要不断冲破坚固的城墙才能完成。相比之下，在江户，是那些身处丘陵谷地的寺院的选址、寺社周围的寺地起着牵引作用，城市生活似乎是在一系列柔性的壳体内不断地加密着。而寺社不只是作为"神圣空间"那么简单，它们还是市民一年四季前去的"游赏空间"。这样，寺社在江户城里的分布不只是赋予了大都会以物质形态那么简单。寺地空间跟人们对于城市的意象有着紧密的关联，寺地空间帮助人们建立了一种富于意义的结构。

场所的理论

我们已经从地形、道路和寺院分布等方面总体讲述了山手地带住区的成因。现在，我们去深入查看一下山手地带的住区是怎样细分成了城下町特有的那种阶层隔离的大名屋敷、旗本屋敷、下级武士组屋敷、町人地的模式。也正是江户时代的这种城下町的分区性，一直传到了当代东京身上，使得东京的各个街区仍然具有某种个性。作为前提，我们首先看看这种在城市整体中依据阶层的住宅分类模式是一种怎样的思想吧。

图3展示了江户总体上大名屋敷、旗本屋敷、下级武士组屋敷、町人地在空间上的典型分部状态（图上不同图例代表着不同的阶层）。整体而言，处在江户居城东侧的下町区是平民居住的地方，而居城的西边是武家所在的山手地带。下町区的土地很平，那是因为那里的土地都是从先前日比谷入江的湿地上人工围造出来的。这片土地开发也有着人工规划的痕迹，有着60间（360英尺）为边长的典型棋盘式方格，而60间正是古代条坊制的基本尺度单元。甚至在武家住区里也有着某些规划出来的区域；比如，在江户居城西侧和北侧平地上的武士屋敷就是这样的。今天的"丸之内"，之前就是世袭大名屋敷内的一条巷名。而通称为"大名小巷"区则是指从樱田到芝、爱宕下的这片地带。这一地带的建设都是遵照了基本单元为60×80×120（间）的整齐网格规划开发出来的。

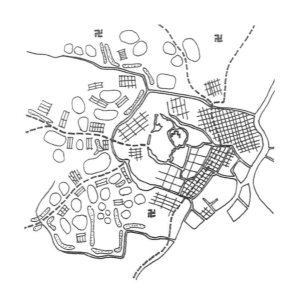

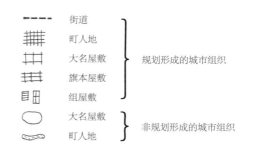

相比之下，山手地带很多住区因为地形的起伏变化最初看上去像是毫无秩序的马赛克地景。然而仔细查看，我们发现还是可以把这些马赛克碎片再分出两组：整齐规划出来的城市组织，有着明显的规划痕迹，以及紧密适应地貌条件的不规则城市组织。

前者主要建在平坦山头上或是舒缓山坡上的武士旗本屋敷和服务阶层的下级武士组屋敷。在这些地方，尽管有着地形起伏，道路还是直接拉过去的，土地地块的划分是在某种规则边界内的整齐划分。这些地方的基本单位也是古条坊制里60间的基本方格。这类规划的武士住区一般是位于居城西侧早期开发时地势相对平整的山头上的中下级武家住区。

与之相对的，后者的开发模式是山手地带的藩主领地和谷地上的町人地。藩主领地和藩主领地之间的界限划分靠的是山脊路、山顶、崖边以及其他自然特征的天然界线。这样，领地地块不规则乃是常态。同样，下町区的町人地也没有城下町的规划特征。因为"城下町"的町家住宅本就是江户扩张时整合了农宅的结果，町家住区的形状仍然沿袭了之前的用地形态。

无论如何，对于山手地区而言，正如我们所看到的那样，在开发道路系统时，山手地带的开发直接采用了跟随河谷、山脊地形的有机道路系统。此外，以寺庙为中心发展的模式也仅限于几个地区。除此之外就不可能出现一个整体上有力且清晰的城市结构。恰恰相反，因为道路是把地景身上每一个褶皱都当成了设计的元素去对待的，这样的道路所形成的是适宜于各处地形的城市骨骼，也就产生了跟土地本身和谐的马赛克模式。

我们可以把山手地带城市形成过程的指导原则理解为在城下町身上都很普遍的那种"规划意志"和在武藏野台地上的尊重原始地形的柔性对策之间的一种平衡。一方面，人们尊重城市整体的生态体系，采取了灵活的对策；另一方面，在布置一个个住区时又在局部应用了规划手段。由这两种方法的混合使用，创造出单一手段所无法出现的多样化城市环境。

即使江户城是座典型的部分规划出来的城下町，它所拥有的空间结构也让它完全不同于文艺复兴时期以及文艺复兴之后的那些欧洲城市，就是那些完全按照理性几何原理建设出来的城市。江户的突出特点源自这座城市跟自然环境的关系。日本的城市空间多跟自然和地形有着紧密关联；市民对于他们的生活环境的身体感知丰富着他们的城市意象。这跟现代城市中那种辽阔的匀质空间不同，日本城市里沉淀着一个又一个充满跟人的生命有关的记忆和意义的场所。[1] 城市里的人是能够感知到这些地方"土地精灵"的存在的，人们也总在创造着某种充盈着"场所固有性"的丰富环境。

原本，江户的街巷——那些台地山边和河谷间的住区——都是在武藏野山手地带上基于自然场地的丰富性发展出来的，而人造河口土地上则形成了滨水住区（樋口忠彦《日本的景观》）。[2] 这样，多样的城市功能就可以在非常适合它们各自目的的地方进行。可以想象，在江户时代初期，就有了江户的城下町部分的总体规划了。但是作为经济活动和居住生活的场地，江户规划超越了单纯的功能性和实用性的考虑，可以说还是一个富于各种象征意义的地方，主要是在那些诸如森林、水体等以自然要素作为载体的地方，融合了人类各式各样行为的象征性展现给我们极为丰富的世界。城市"宇宙论"在那里呈现。

如此这般，江户复合了各种原理，形成了城市形态学原理意义上丰富的街巷。我们从中看到了它把对包含着"场所"的"文脉"高度重视的规划和设计作为街巷形成的根本。如果土地是不规则的——比如是斜坡——那就得用适于斜坡的规划去对待它；如果基地有一处小溪，那就可以将之扩大成为水面，然后安置藩主的庄园。通过这种方式，人们一代一代地把智慧传到了今天。城市中的各个"场所"也都在规划设计中被发掘到了极致，产生了整体化的城市愉悦。

相比之下，现代的城市规划正好从与之相反的立场出发的。现代城市规划根本不考虑具体基地的特殊条件，自作主张地忽视场所下面的力量。对于土地的再造和土地上的建设，不管到哪里都是一个模样。现代规划不敬畏河塘，遇河填河，破坏植被。此外，还不断更改场所的地名。在尽可能多的地方创造普适空间，乃是现代规划的理想和立场。

近年来，建筑和城市规划都开始试图扭转这种价值观。在思考城市时，我们现在开始尽可能地理解场所的条件性，包括跟场所有关的记忆和意义。也正是这一转变才构成了如今大家对日本近世（1600~1867年）城市经验进行重新审视的重要原因。

作为关键词的"地块"

那么，作为江户这么一个城市杰作的继承者，东京自1868年明治维新之后又是怎样改变了它的城市物质实体结构的呢？东京除了从幕藩体制下的政治中心变成了现代国家首都的这种剧烈的制度性变化之外，其城市结构的变化并没有激烈地背离江户的结构。是的，自明治早期开始，为提高交通速度，那些窄巷已经被拓宽。原来转角上的直角转角以及为了阻止进攻者顺利前进故意设置的矩形体块建筑间的里出外进——这些给江户带来了明显封闭感的封建特色的东西——也被消灭了。但是整体而言，东京还是坚决地捍卫着它所继承的结构，严格地在这个旧的结构之上，发展出了一座现代城市。

东京的变化是仅仅在构成城市生活细胞的单个地块内部发生的。在那些旧日武家住区里，之前的居民走后，就出现了"空洞化"现象。然后，又有新的继承者住了进来。那些来自萨摩和长州藩的武士（译者注：明治维新时支持改革的两股地方势力），取代了城里的旧人。通过这种方式，东京针对新时代的要求改变着自身的功能与意义。在这种"柔性"重构过程中扮演着核心角色的，就是新首都从旧城市那里继承来的大名屋敷。

因为是这么一种独特的发生模式，现代东京展示了一种高度不同的组织模式，一种从江户时代的城下町一路走来、从不曾在其他城市身上发生过的模式。这一模式走向视觉化的过程，也产生出独特的城市景观。也正是在这个意义上，把握东京城市独特性格的最重要的钥匙，就在于我们能否看明白当代东京跟江户的空间结构之间的关系。

为了更好地解读江户城市结构的基本模式，我们可以采取如下步骤去拆解走向现代东京的柔性且近乎优雅的重建过程：

1　对形成近代城市文脉的解析；

2　对在此之上近代要素介入机制的解析；

3　对其结果形成的独特结构的分析。

以这样的观点，首先为了阅读近代城市的文脉，我们要从已经分析过的江户、东京的地形开始，对道路的网络，进而是在此之上所形成的住区分布，以及土地利用的形态作一总览。

接着，我们将转向最初形成住宅类型，然后依据社会定位形成等级化土地利用的"模子"（Zone）。这里，我们同样可以感知到基于漫长历史经验积累出来的建设智慧才能创生出来的空间结构。在每一个地块中，我们都可以看到，地块的形式和大小是怎样遵从着土地的整体自然属性，建筑物的分类法则是怎样尊重着土地的表面肌理和结构，建筑的平面、结构、设计是怎样根据每一个地块清晰确立的。以及当时，建筑是怎样通过细部诸如一些身份的标识（长屋门、门、围墙、前院的形制）向街道呈现特征的；还有，结构性要素是怎样组合在一起去创造每一个町区的特殊面貌的。每一个要素最初都是跟日常生活有关的东西，但是最终又都是一种有助于象征意义和城市美感的文化性形式。

这样，现代城市精致而纤细的文脉浮现了出来。从它整体的形构到每一个町区，江户是按照某个优秀的脚本去建造的。结果就造就了这个可以跟世上最优秀的城市媲美的城市杰作。

作为现代城市的东京继承了江户这一城下町多样的住区和有着先后顺序、几乎没有受到太大扰乱的城市文脉。町人地变成了商业地；商人和匠人在这里安了家；幕府旗本住区变成了日后贵族们、政府官员和新兴资产阶级的庄园；下层武士住区开放之后，吸纳了中产阶级的工薪阶层。一方面，每一个街区多多少少地告别了昔日的文化和生活；另一方面，每一个街区又牢牢地承担着制造一个当代东京城的任务。不仅是町区的物质实体骨架没有受到扰动，就连地块的界限也没受到扰动。在诸多场合下，文化规范仍然在持续着。文化规范决定着每一个区域里的每一个地块上建筑物排布的方式和房间的布局形式。

在近世这般稳定的"文脉"中，人们热切地添加进了新的夺目的现代元素——在山手地带，开始散落着西洋式建筑或是商店；在下町区，为一个原有的店面装修出西式立面。结果，就成了独特的折中杂合体。不过，在"空间结构"的基础层面，江户以后城市形态的基本特征被未加改动地传承下来了。

在这般历史的积蓄之中，随着时间的流逝，老建筑会消失，但是这笔历史遗产却不会轻易消失。相反，这一基础层面仍然限定着今天的城市街区，让人们对生活和文化的非人性化倾向保持警惕。虽说东京是一个在空间上高度发达、现代和匀质化的城市，它却保留着山手地带那种相当多样的场所意象。部分原因是它的多样性地景和丰富的植被；部分原因是它独特的空间（或者更准确地说，是人类学意义上的）结构，一种在特殊城市场所里特殊地块、建筑物、街道的组合方式。

江户—东京的这种城市景观乃是一种前人巧妙阅读基地，并在基地身上最大限度地挖掘其固有性的结果。同时，江户—东京也向我们证明了，我们有必要从一开始就从一种历史和文化的脉络去思考城市和建筑的形成过程。我把城市定义为"各级路网和地块划分"与"地形直接关联"的组合过程，把建筑定义为"门、路径、内院、空地"相互亲密交织所产生的形构。建筑学在这个意义上不仅包括了建筑物内部的世俗日常空间，也包括了庭园和小型神社的神圣空间，是这些多样的要素和意义密集地交织在一起，才构成了一个小宇宙。特别是在山手地带，这类建筑要素的设计充分认识到了场所的固有性，可以说"地块"变成了解读城市的关键词。

在欧洲城市里，面向街道的建筑物都共享着一道共同的墙面。那里存在着强烈的把地块等同于建筑、把地块作为整个实体建满的趋势。相比之下，日本人则在外部空间的营造上投入了相当的精力，从地块内的庭园开始，不管我们说的是町家住宅还是大名屋敷，都是如此。外部空间和建筑之间的张力所产生的形式乃是我们理解日常生活和文化的关键所在。因此，建筑不仅仅如此，更是成为了"地块—建筑"这一大型主题。特别是当我们尝试理解外来元素在东京现代化过程中被整合进来的方式时，我们必须意识到，这种现代化过程始终是在一种传统仍在发挥作用的空间意识之下展开的。

既然有了上述这些对于城市阅读的着眼点，我就要开始详细调查山手地带的住区了。这些地区都是城下町里的特有区域。它们是根据其居民的社会地位进行组织的，不管它们是大名屋敷、旗本屋敷、下级武士的组屋敷还是町家。请允许我首先从藩主们的大名屋敷遗址开始说起，它们是现代时期发生了最为突出变化的地区。

大名屋敷

东京之所以能够被顺利转化为现代国家的首都，还因为它已经拥有了这种转型的完美机制。之前大名屋敷所占领的大型地块很容易就变成了新的政治、军事、教育、文化和行政功能的建筑物和设施所在地，也成了明治时期新的统治阶级和权贵们的豪宅所在地。比之平民所在的町下区里沿着主街和里巷紧密排布的町家和里长屋，山手地带的武家住宅——特别是大名屋敷——的住区都有着在西方城市里难得一见的田园城市环境（川添登《东京的原风景》）。[3]

结果，东京的城市结构就得以幸免于19世纪几乎每个欧洲首都都经历过的大手术：比如奥斯曼对巴黎的改造，又比如维也纳的环城路，再比如一直持续到墨索里尼时代的罗马重建。相反，因为东京山手地带大量的无主武家地块一个个地吸收了新的外来要素，一种连续性的弹性化的现代化过程就变得可能。这样，东京的现代化就没有破坏基本的城市骨架。

因此，对这些场地和它们空间结构的研究也就为我们解读东京提供了一把重要的钥匙。本节的后面将会研究山手地带那些大型的大名屋敷；而此处，我打算先一般性地讨论江户城周边的高级住区。

在"参勤交代"（译者注：各藩的藩主轮流到江户出任官职的法令）体系下，全日本的藩主都被要求在江户保有他们的主居"上屋敷"；明历大火之后，藩主们开始添置起"中屋敷"和"下屋敷"这样的郊区住宅。渐渐地，大

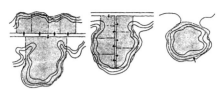

主要山脊道上　　次级山脊道上　　丘上的大名屋敷
的大名屋敷　　　的大名屋敷

名屋敷就占满了山手地带的好地段。这些住所利用了武藏野丘陵的自然之美，家家都有大型庭园，成了私人的别邸。

最初看上去，这些盘踞在江户丘上的大型城郊大名屋敷好像在选址、布局或建造上毫无规矩可循，看不见规划的格子，好像这些府邸完全不受城市拘束似的。

但是，即使是江户山手地带的住区也都不是随意建造的。当我们在现代精确测量的地图上勾画出这些府邸的地块，比对它们时，我们就会注意到每一个地块上建筑布局和基地处理的共同原则。我们也会注意到设计和建造过程中清晰的用意：当时的建造者显然是认真阅读了土地的褶皱，巧妙地规划了进入府邸的路径，非常关心建筑的走势与朝向。即使在山手地带，所有起居空间都是穷尽各种可能性之后才如此布局的。

在多数情况下，大名屋敷都是面向一条台地上的山脊路（图4）。如果基地是坡地，高差就会产生天然的小溪。通常人们会把这些小溪改造成一方池塘，然后造出一个园子来。在可能的条件下，大名屋敷总会落到山脊路的南侧，庭院则处在面南的坡地上，而其中的建筑物则会位于地块北端的高地上。于是，我们可以有充足的日照，并遵从"主位面南"的思想。这样处理住宅的方式清晰地映射出日本人长期以来养成的规划环境的喜好和倾向。

让我们仔细看看贯穿了武藏野台地向外辐射的那些山脊路。虽说它们会

［图5］位于目白通南侧斜坡上的大名屋敷

［图片来源《参谋本部测量局1∶5000东京图》］

略微弯曲地屈从于地形的走势，但终归还是一些相对笔直的道路，显示着相当程度的规划特征。因为山手地带绵延于江户西侧的高地，多数区域的高等级道路都是东西走向的。旧地图上显示有大量的大名屋敷都处在这些高等级道路的南侧。此类选址实例就包括位于甲州街道上的内藤家下屋敷（今天的新宿御苑），青山通上的青山家下屋敷（今天的青山墓地），位于目白通上的黑田家下屋敷（今天的椿山庄饭店），以及位于如今的新江户川公园的细川家下屋敷（图5）。这些别邸的选址并非偶然。像新宿御苑、椿山庄、新江户川公园等别邸的选址，都是因为保留了江户时期挖凿的园池，才延续着旧日的开发模式。

在东京，唯一一条南北向的主要山脊路就是中山道了，它贯穿了整个本乡台地。这条路的两侧，很多建筑幸免于地震和战争的破坏，保留了它们历史的环境。那么，让我们一边走，一边仔细地观察一下这条路两边的情形吧

（图6、图7）。

首先，经过了神田明神和汤岛圣堂之间的御茶水台地之后，这条路开始北上。我们就从地铁丸之内线的本乡三丁目站开始，沿着本乡三丁目站前的道路（如今的本乡通）朝东京大学方向走。途中，在我们的右侧会出现春日通交叉口，我们会在那里发现著名的"兼康"化妆品店。那首川柳漫画中吟唱的歌谣让这个地方出了名——"因为有了兼康，本乡才属于江户"。

事实上，明历大火之后，江户整体上包括中仙道沿线的区域都在向外扩张，所以"本乡才真的开始属于江户"。如果我们沿着这条山脊路继续走，我们将会看到左侧山体舒缓的著名的菊坂。

再往北走，我们就来到了东京大学的边缘。这里，时至今日，江户时代的边界线仍然保持完整。东京大学整体处在中仙道的东侧。东京大学校区本是加贺藩前田侯家占地巨大的上屋敷或者说主宅宅址。越过中仙道，在它的西侧，则是本多家的上屋敷所在地。在一片小河谷的远端，也就是中仙道转向西北的拐弯处，是福山藩主阿部家的府邸。阿部家的府邸处在中仙道南侧的山丘上，它在这三个府邸之间形成了某种美妙的平衡。

让我们仔细看看东京大学的校区。这所大学的校园地处中仙道东侧，以其庭园闻名。首先映入眼帘的是对着本乡通（旧时中山道）的"赤门"。赤门是作为十一代将军德川家齐的女儿溶姬嫁给前田家时所建的"御守殿门"（见图8，前田上屋敷的御守殿门）。殿门里，其东侧有缓坡下降，我们可以看到坡下著名的三四郎池。这个池塘乃是原来洄游式园林路径上的一处焦点。我们已经看到，在那些台地上大名屋敷基地的坡下，常有此类池塘出现；它们当中的许多如今还在，仍然发挥着平抑参观公园或大学校区的游客心情的作用。

本乡通周围，乃是由集中在高地上建造的大名屋敷所界定区域的典型实

[图6]［上］江户后期的本乡周边［ 图片来源：《尾张屋版江户切绘图》］

[图7]［下］本乡周边复原图

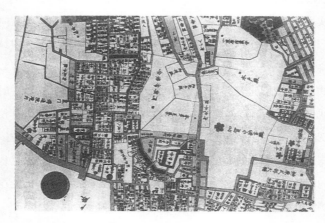

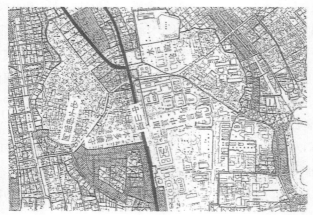

例。但是如果您以为，这个区域除了一溜安静的豪宅，就再没有别的房子的话，那可就大错特错了。在中山道的另一侧，也就是面向东京大学校区的一侧，是一排今天仍然存在的町家住宅。这些住宅虽说是历经震灾战灾、明治时期的老房子，但是这些"出桁造"结构（译者注：木构抬梁式）的町家身上还是展示着江户町人建筑里工作作坊与居家生活连在一起的传统。町家之间的巷子是些死胡同，这些内巷的两侧过去都是一些作为出租房的"里长屋"。

　　在这些狭窄的通道内侧，也就是西端，是一些庙宇。明历大火之后，江户就络绎不绝地把寺庙从城市中心迁出去，沿着这些山脊路设置。这样，这些庙宇就在城市的城郊地带形成了大型的寺町区。本乡的例子生动地体现了这类沿着山脊路蔓延出去的町区组织。其中，那些商家的町家都是面向大路的，一条条带状、平民居住的长屋和寺地都分布在店铺后面的区域。这里也是本乡周边最为人所知的地区。

　　到现在为止，我们都在讨论沿着台地上主要山脊路布置的那些大名屋敷。在江户居城的南区——特别是在诸如麻布这样海边有高地和河谷交错的地方——从主路或山脊路上分出来的支路会环绕着某个突出的中心点延伸出来。在这些山脊支路上，分布的是些规模较小些的大名屋敷。同样，这里的府邸也多是建在山丘平顶上的，它们带有斜坡上或者崖壁下的庭园。这些支路的开发时间要晚些，有些支路就是为了辅助开发新的土地供大名

[图9] 城南地区的大名屋敷

屋敷使用特意建的。另一些支路是既有藩主住区的路网延伸，为的是刺激扩张。典型的例子是如今国际文化会馆和鸟居坂东洋英和女子学校的所在地，也就是鸟居坂上部台地。试着比较一下江户中晚期不同年代的两幅古地图（图10、图11的中央部分）就可以发现，在这个区域里有一条笔直的支路穿越了山脊，两侧是一个个大名屋敷。这种土地二次开发并不单纯是一种土地的高效率使用。此处大名屋敷的入口前都是沿着河谷路相当零散地建造出来的；现在都挪到了新的山脊路两侧。这样一来，原本是山手高地特有的藩主领地二元居住结构——亦即，高处武士阶层跟低处町人阶层各有联系的模式——也开始在江户居城的南区出现了。把一高一低

[图10]［上］江户中期麻布的大名屋敷［图片来源：《江户图鉴纲目》］

[图11]［下］江户后期麻布的大名屋敷［图片来源：《尾张屋版江户切绘图》］

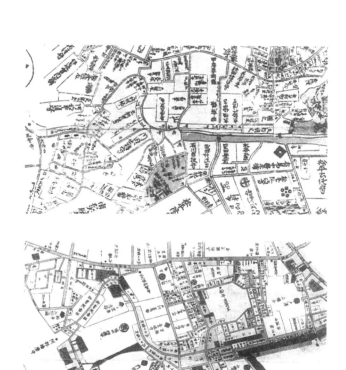

（现在的麻布十番）的武家与町人两个联系起来的山体，就是今天的鸟居坂。随着大名屋敷在道路两侧的建设，也就很难再保持路南为上的选址偏好了；但是建造者仍然要在宅邸的山坡上修建带有泉水的庭院。

在赤坂和白金之间的城南区，散落着一些占据了整个山口的大名屋敷。从江户初期开始，城南就是一处美丽的城郊地带。朝西，透过山顶的树林，可以看到富士山；朝东，可以望见大海。在起伏的丘陵间是平坦的草场。从很早开始，觊觎在居城区内拥有中屋敷或下屋敷的藩主们就试图在城南这片土地上寻找可以建造私邸、别邸或是猎苑的地方。

在这里，我们会看到江户城下町里才有的现象——身处同一处城市空间，大家的想法却不同，平民想的是在这里"建店"，武士想的是在这里"建宅"。在欧洲城市里，贵族们一般会试图积极地参与城市生活的各个方面，并总会把自己的府邸建在公共广场和主要大道旁，意图炫耀。这类欧洲城市的组织原理十分清晰、简单，一座城市的社会等级直接体现在城市的空间等级上。而在日本城市里，山手地带的武家空间组织原则跟下町的平民空间组织原则完全不同。这么说吧，平民们喜欢以尽可能抓人眼球的方式在繁华街道上建铺面。特别是在江户—东京，町家建筑处在地块内部的居住部分都建造得十分简朴，沿着主街的店铺却建得非常威严。这些铺面的外墙都有厚厚的抹灰，弄得像仓库；这样做不仅是为了防火，还是为了展示店主家底的雄厚（见图14，明治初期位于日本桥一带的町家）。这种在临街使劲做看板（广告牌）的习惯很快就被用到了现代城市的创造中，由此诞生了所谓的"看板建筑"——整个建筑的内部保持不变，不断地把最流行的东西贴到建筑的正立面上。我们从这个细节上也就看到了今日东京潮水般的招牌以及时尚表皮迅速变换的渊源。日本城市建筑的真正形式乃是平民文化的产物。

相比之下，武士阶层的成员们并不参与城市里诸如生产和流通这类活动，他们的理想是建一处融合了土地与自然的，独立且娴静大宅院。于是，那些在欧洲通常被当作乡村别墅或是现代郊区住宅的独立式房屋，带有大花园的模式，倒是在日本城市中心地区也很常见。这也是江户被称为巨大的花园城市的原因。这一对待起居空间的态度仍然存在于今天的日本人的感性之中。日本人总想要一个独立式的房子，有一个庭园，不管这庭园或房子会有多小。

即便是在日本当代的街巷中，这种"建店"意识和"建宅"意识仍然呈现出各式各样的组合形态；仅仅这些就已经构成了变化极其丰富的街巷面貌。

"屋敷营建"的意识在大名屋敷地区体现得尤为清楚（见图12）。这些显贵们的家宅每一座都占据了大片土地，生动地代表着非城市性住宅的私人化性格。我们已经看到，这类住宅都建在高处，通常尽可能地高，占据一山之南坡；主体建筑则处在地块后部的平坦地带（入口面北），巧妙地面对一处花园。天然的溪流被改造成一方池塘，成了人们在洄游式庭园里漫步时的视线焦点。这样，地形、道路、地块、庭院、建筑物一起创造了一种巧妙且同一的城市空间类型。

这些府邸也为它们所在的街道创造了一处景点，吸引路人观看。在欧洲，城市的公共空间常常更为成熟，权贵们的府邸多有宏大的立面，有大的窗户开向广场或街道。然而在日本，大名屋敷沿街的一面多是家臣居住的长屋以及长屋门，临街立面几乎都是实墙，地界周围也有实墙。这种封闭结构对于外部世界来说有着某种压迫感，往往成为城市里高高在上的一景。图13展示的是处在三田丘和古川之间平地上的黑田家上屋敷。这是它在幕府时代最后几十年里的模样。图片展示的是此类建筑典型的景象，一长排长

[图12] [上] 年俸禄在4000到5000石的武士屋敷

　　　　　　[图片来源：笹间良彦，《江户幕府役职集成》]

[图13] [中] 黑田家上屋敷的长屋门

[图14] [下] 明治初期日本桥一带的町家 [图片来源：《东京商工博览绘》]

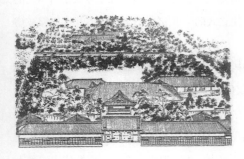

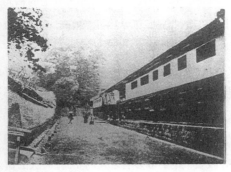

屋，被这个深宅的入口给打破了。

随着明治时代的到来，长屋和这样的长屋门已经被淘汰了，拆掉之后，取而代之的是高墙和角门。富人的宅邸开始引入各种奇特的西洋式建筑，建筑和环境设计都发生了巨大的改变。不过，人们希望有一处私人领地用以建造宅邸的愿望仍然强烈。的确，地形、道路、地块、内院、建筑物，这些都是明治时期的人们将大名屋敷的统一性继承下来所产生的独特城市结构。他们通常会在沿着道路最为明显的位置建造正规待客的西式建筑，这类西式建筑也多成为私宅的脸面。我们还是很容易从这种布局方式中识别出其中的日本性格的。即使大学和其他学校类建筑也是如此，它们往往会有西式的放射路，建筑在路边形成对称式布局，而里边则保留着传统的场所感。学院里私人性的空间还是会有墙体围合，门侧一定会设门岗，不会允许外人在领地内随意出入。日本大学这种奇特的校园类型是城市景观里常见的要素。人们还是会把大学视为"象牙塔"，事实上，日本大学那时很少向公众开放，这也跟我们一直在讨论的日本人的私人空间感有关。

即使今日的东京，还是有许多地块维系着这种典型的空间结构。我们之前提到的麻布鸟居坂高地就是这种情形。但是最令人惊讶的例子还是三田纲坂高地。这里的建筑都享有沿着东西向山脊路南侧缓坡布局的优势。澳大利亚大使馆、三井俱乐部、意大利大使馆都在用原来大名屋敷的方式布局。实际上，不只建筑形似藩主住宅，整个山坡也被处理得像和式设计，都是通过对地表肌理的详细阅读，巧妙且最大限度地发掘出每个地点固有个性的设计。接下来就让我们走上山坡，在浏览城市景观的同时，更仔细地了解这个片区的形成过程。

我们现在正走在北向低地，因此，我们会看到在江户中期被重新疏浚过的古川。我们向右转弯，沿着山根走。这里的运河被高架路切割，河水也已

[图15] 江户后期的三田之丘 [图片来源：《尾张屋版江户切绘图》]

被污染，路人几乎注意不到它的存在。但是运河边上仍存在的少数几个木材交易市场还是会让我们想到，当年因为水运的便利和繁忙，这里曾建有许多宅邸。

从大道上向南转下去，沿着里巷走，我们就进入三田小山町。这里到处都是"下町"的感觉。过去这里曾是厚省领主黑田甲斐守（译者注：丰臣秀吉的军事黑田长政的嫡子，1568～1623年）和松平时之助（译者注：又名柳泽保伸之助，汉族，幕府末年至明治初年的大名1846～1893年）的大名屋敷所在地。这一地区在明治中期之后就被开发成了庶民町区。在那些里巷中，拥挤着町家和长屋。这样的生活环境就仿佛江户时代的下町。

往小山町的里巷深处走去，我们来到了高地的一个崖边，这里也是和隔壁高地上的寺地相邻的边界。我们顺着石阶向上爬，间或看到边上墓地的景色，然后就来到了两座寺庙——长久寺和教誓寺的后身。这条蜿蜒深入的曲径，迷宫般的空间，就是江户时代的府邸住区和寺地之间的界线；也是我们理解东京山手地带历史发展过程的关键。

当我们顺着通往大乘寺旧址的里巷走到尽端时，眼前的世界忽然变了样。在这里，沿着二之桥和三田通之间的东西向山脊路望下去，我们可以俯视到东京最为绚丽的城市景色之一。在山脊路的南侧，是幕府末期岛津淡路守家族的上屋敷。现在，这块地被澳大利亚大使馆（西侧）和三井俱乐部（西侧）瓜分了。

如今的澳大利亚大使馆，是二战之后，政府从蜂须贺侯爵家人手上购得的；而蜂须贺宅邸从明治早期以来就一直在这里。在之前典型布局的大名屋敷的庄园里，曾有御殿造建筑；不过，该建筑在关东大地震时（1923年）遭到了毁坏。取而代之的，是森山松之助设计的英国风宅邸。在向南的缓坡上是传说中源赖政（平安时代末期的武将、公爵和诗人，1106~1180年）的家臣渡边纲（953~1025年）出生时洗澡的地方。那里有一处美丽的和风庭园，真是对得起渡边的荣耀，宅邸相当悦目。

在南下的坡道东侧，建有三井俱乐部。这片地自明治末年就属于三井家所有。基地上仍然保留着原来的主门以及守护藩主和家眷的那些藩士们居住的长屋。所有江户时代的藩士都住在这样的长屋里，而长屋本身则构成了环绕大名屋敷的城壁。在基地内，也有类似的长屋。

在花园的后侧，沿着通往宅邸的路径，有一栋由英国建筑师康德尔（Josiah Conder，译者注：日本近代建筑的奠基人，1852~1920年）设计的姿态端庄的西式建筑。再往南，快走到庄园背后时，是一处对称布置、典型文艺复兴风格、明快宽敞的西式草坪，这也是康德尔设计的，旨在让景观和建筑风格一致。这样的庭院真是会让观者产生置身于某个欧洲小府邸的错觉。

然而，在南侧山坡下，被树林环绕的是一个在坡地和低地之间被精勤打造出来的日式园林。这种明显的痕迹说明上面的基地上曾经存在过大名屋敷。通过在江户传统空间结构的文脉上添加西式现代形式，这类设计使得我们可以欣赏到构成了山手地带环境特色的不同要素的并置。反过来，这座和风庭园也可以被其南侧三井俱乐部高层公寓楼里的人看到，成为他们景观的一部分；这样，我们也就窥视到了典型的现代东京一角。

往东，是贵族松方家的府邸。它的前身是冲绳"隐歧守"松平氏的中屋敷。而如今，松方家成了意大利大使馆。同样，在宅邸南侧，我们也会看到一处典型江户时代的洄游式园林。

沿着东南的山体再往前走，是松平氏、皇家"主殿头"（译者注：类似内务府总管）的中屋敷的所在地。如今，这里成了庆应义塾大学所在地。在台地东侧，沿着崖面底部，有一条历史可以上溯到江户时代三田町家的繁华商业街。从台地上大学的哥特式砖构图书馆的塔楼望去，我们可以看到商业街的尽端处春日神社的轮廓——多么鲜明的对比！

就像在三田小山町这里仔细考察那样，我们以此方式对东京的阅读，为我们带来了诸多意料之外的空间体验。我们以身体性的方式开始理解了从江户以来在东京身上所发生的一层又一层的历史积淀。一旦我们从行走东京的体验中尝到了甜头，打开了知觉，无论我们走到山手地带的哪里，再怎么熟悉，我们也会用一种崭新的眼光去看待城市景观了。

到目前为止，我们依靠具体实例解释了大名屋敷在明治之后所发生的转变过程。现在，我们该更加系统地讨论这一话题。在现代时期里，大名屋敷经历过两种主要转型，如图16所示。第一次转型发生在明治维新之后，诸多大名屋敷被中央政府收了去。这类府邸要么在地界不变的前提下建筑被改建，变成了公共设施（官厅、大使馆、军事、文化、教育机构的设施）；要么被从京都迁来的公卿贵族以及新政府里的要员们继续当成私宅。此外，还

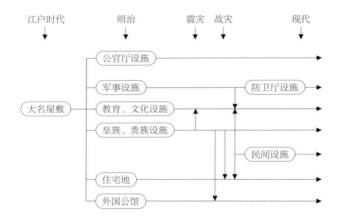

[图16] 明治之后的大名屋敷用地性质变迁图

有相当多的山手地带大名屋敷仍然掌握在原主人的手里，这些人又在新政权那里获得了贵族称号。第二次转型发生在二战之后。二战后，多数军事设施和府邸都被改成了公用，变成了旅馆，或是变成了一般性公寓。

不管是何种情况，这些大名屋敷的存在使得东京在城市中心仍能保有一片片绿色的环境。这是我们在欧洲城市中很少会看到的景象。在欧洲，城市中心多是一栋栋贵族府邸（意大利府邸就是典型的代表）。从当初那些带着池塘的洄游式私家花园也发展出一些利用率很高的公园，新宿皇家猎苑、有栖川公园、须藤公园、清水谷公园都是此类转型的例子。当我们研究东京作为城市的形成过程时，我们会惊讶于它的城市空间骨架在很大程度上都不是现代产物，同时也会惊讶于在仍发挥高效作用的江户城市环境身上，添加了那么多现代城市要素。

从明治末期到昭和初期的20世20~30年代，许多之前已经从大名屋敷转到贵族手里的地块已经经历了进一步开发，变成了一般性的居住地产。例如，我们在麻布走一走，这是皇居以南的地段。1923年的地震和二战的轰炸都没有毁掉这里。在这个地区，我们可以看到三种类型的现代住宅区。尽管它们彼此靠得很近，却有着十分不同的面貌，它们也构成了现代日本居住建筑史的博物馆。通过比对这三种类型住区的地形及地块条件、开发时期、开发主体、开发手法、建筑类型、居民阶层，我们可以知晓其中的要害。

让我们再看看三田小山町，它就处在古川的低地上（图17）。从明治中期开始，随着当地与水运有关的工厂沿河建设，小资本家们就把这一地区开发成了临街町家和里巷长屋的商人和工匠的混合住区。因此，这里也就一直拥有着江户时代诸多平民生活区里常有的氛围。不过，跟江户时代的死胡同不同，这里的诸多里巷都是贯通的。还有，因为这时在人们的集体记忆里，还有之前大名屋敷的形构印象存在，从而形成了非常有趣的重要街巷都对位于原来府邸的长屋门。

现在，我们去看看位于麻布霞町之前安倍家下屋敷的领地。自明治中期之后，新兴资本家和大型开发商打开了这一位于台地平地上的区域，将之切成完全规则化的地块。新兴资本家最先买下的是北侧的土地；然后，新地主们开始出租土地；出租对象似乎是高级商人，他们是要为低级工人和店员提供出租的住所的。在北坡以及别处，一点院子都没有的临时棚子直接对着下町的街道，就像那些破了产的町家小房子。如果把明治十六年（1883年）参谋本部测量局测绘的地图和后来的地图加以比照，我们就会看到，这一地区的地块细分办法并没有脱离藩士长屋所确立的路网体系。因为藩主下屋敷的领地上本就有许多道路穿过，过去的建筑在领地上也布置得像一个小社区。相比之下，在南侧的山上，就是阿部山的高地上，这块

[图17] 三田小山町现状

地在大正年间（1910年）被三井信托公司开发、细分成为十分规矩的高级雇员住宅区。我们在这里可以看出今天城郊开发模式的原型。

然后我们再看一个奇特的例子"西班牙村"。它处在麻布饭仓片町台地上的凹地里（图18、图19）。这里原本是太田原家上屋敷的所在地。明治和大正时期产权易手。到了昭和十年（1935年），它成了当时因提倡大众"文化现代化"而知名的农业技术专家上田文三郎的家业。上田在这块地上建了当时很时髦的公寓楼。之所以弄成西班牙村，是因为上田和儿子一起为农业事务出访美国，结果迷上了美国西海岸那些西班牙殖民者的建筑物。当他回到日本之后，虽说是个外行，上田还是跟他的儿子一起完成了这个项目的设计。这些公寓有着不同寻常的外表。每个窗户都有着不同形状和大小，这个想法来自当地的一个大木匠。不过，即使建筑外观的西班牙殖民地风格给人以异域的感觉，公寓内部的布局还是日本传统长屋的典型模式。也就是说，用了一个完全是西式风格联体屋的形象，贴在了路边建筑的立面上。在一个现代主义者的项目内部，对于传统空间结构的整合，创造了一种把现代世界和江户世界混合起来的效果。建好的西班牙村距离银座仅仅15分钟车程。我们也就明白了，为什么这里住了好多咖啡馆的女招待和演员。这个地点太适合在银座上班的现代派的姑娘小伙们了。今天，这个街区已经变得没有了过去的痕迹。但是只要我们离开川流不息的大道进入巷子里，还是会在异常安静的氛围中看到那些仍然时髦的四单元公寓楼。它就像是对于日本当年短暂但却活跃的现代主义试验的一种提示。

我们刚刚描述的三个住区，都有一个共同点，就是源自之前的山手地带大名屋敷。然而，它们被收购和开发出来的外观形式却十分不同。这些例子折射出现代东京发展的不同面向。

在东京，这些昔日大名屋敷的"地块"再开发过程并不是通过打破地界

[图18] [上] "西班牙村"现状照片

[图19] [下] "西班牙村公寓楼"平面图（上图为二层平面，下图为一层平面）

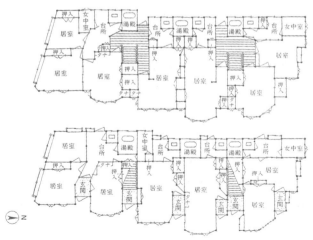

的方式，而是在既有骨架内部完成的。因为这些马赛克一般的地块原本就被嵌入城市整体之中；所以，地块内部建筑的变脸就随着时间的流逝获得了某种温柔。在欧洲城市里所发生的大规模一次性改建的动作在东京从来都没有发生过。现代东京在其多次局部改变中仍然保持了它的历史记忆；结果，由此产生的东京城好像没有一个整体的逻辑结构似的。如果我们把西方现代城市当作评价标准的话，我们也就捕捉不到东京魅力中的独特性了。

旗本屋敷

很奇怪，一直以来，作为研究话题，有关町人地和大名屋敷的研究持续不断，却很少有人谈及江户时代中下等武士的住宅。在现代时期，因为地震和战争，町人住区里的街道已经被扩宽或是随着土地的调整以及街区改造被重新改道。相比之下，几乎所有在武家住区里的道路都安静地保持着它们过去的模样。对于这些街区，最值得一提的是它们被规划出来的精彩性格。这类住区往往道路笔直，地块划分整齐，整体统一，基本单元完整独立，但却能尊重山手地带微妙的地形变化。这里我们看到，特别是在江户时代早期规划出来的这类住区里，当时的基本目的是要在一座城下町里创造强烈的场所感。

让我们先去看看位于麹町高地上的番町（译者注：街区、片区）。

那里曾是一处中等武家的家臣（旗本）住宅区。这块高地位于江户居城之西，地势良好，易于开发。德川家康在回到封地之后立即把这个地区当成是面向武藏野的门户，用作骑兵们的住宅用地。而这些武士分别来自骏河、远江、三河这三地。

N
▲

☐ 町人地

〜〜 崖

······ 谷道

◀ 坡道（表示上坡）

在居城之西，武家屋敷以一种城下町才有的方式，也就是三类等级分明的形式绵延开去。在江户城中，在今日红叶山和吹上御苑东界之间，分布着从德川家族三个御系家庭延伸出去的重臣府邸。起码，一直到明历大火的1657年之前都是这种情形。处在内濠和外濠之间的番町是中级武家或称旗本住居。在外濠之外，在四谷和市之谷之间，是下级武士的组屋敷。这样一来，三个级别的武家一层一层地排布出去。虽然军事要求无疑在中等和低等武士住宅的选址中扮演着重要角色，影响选址的要素还包括如何选择最易开发的土地、最适合居住的地理环境。

但即使在居城以西相对平坦的山手高地里，土地表面仍然充满舒缓的起伏，能够给穿越这里或是在这里居住的人带来愉悦。位于麹町高地突出端头处的番町，它享有两个河谷汇聚时所形成的变化的地景。不过，就像在城下町中那样，从一番町到六番町的街区还是遵照严格的规划格局开发的。

幸运的是，这一地区的番町周围没有因为时不时作出的市区调整、灾后区划整理或是街道拓宽而发生改变，江户时代的町区界限保留至今。我们用尺子测量当下的城市地图，就能详细地了解江户时期的城市是怎样规划出来的。

首先，当时规划的严格性是可以从街区大小看出来的。在下町中心部分的区内细分，是1590年完成的。那时町区的单元大小是以60间（京间，360英尺）为基准的，这也源自京都划分地块时所采用的古代条坊制（内藤昌《江户与江户居城》）[4]。我们今天用比例尺去量一下地图，就会发现番町街区的短边也被定在了60间。这里起码比下町地区看上去要更明显些，因为下町地区的地块已经发生了基本尺度的重要调整。番町街区所采用的这种古老的日本城市规划的基本尺度体系就这样被原封不动地保留了下来，这不能不说是一个意外的发现。

[图22] 从三番町大街远眺富士山，该图绘制的时间大概在明治三十年（1897年）前后
[图片来源：《新撰东京名所图会》]

　　这里，规划中的网格式路网落地时，还是要遵从地形的。街区有些偏离正东正西轴线的长边差不多是落在了土地的等高线或是平行线上。还有，就像桐敷真次郎（译者注：日本建筑史学家、评论家1926年～）在谈及江户街道建设时所指出的那样，番町的划分是跟人们观看富士山这个地标的视线有关的。[5]事实上，这里有座山，名字就叫"富士见坂"，它的缓坡从今天法政大学校区后侧一直朝南偏西南向延伸。所以，从里四番町的主街跟居城外濠相遇的地方，是可以看到富士山的。我们从《新撰东京名所图会》里已经知道（图22），从平行于四番町的三番町的主街街头看过去，一样可以看到富士山。

　　从一开始，日本城市和欧洲城市的规划就沿着两条不同的路线在进行。欧洲城市通过在城市中央竖起具有象征意义的高大构筑物，比如塔楼、穹窿，用城墙把整个城市包起来，展示出一种向心性的结构。相比之下，日本城市显示的是离心倾向：日本人是根据自然条件和地形，特别是远处隐约可见的地标，去选址造城的。这一倾向也促成了城市的扩散——也就是城市的蔓延。这些都是由坡道所导致的。

此类番町规划就是江户时代典型的城市规划模式了：最大限度地借用自然条件，根据每个地点上的微地形（mirco-topography）去划分街区，但却总是把街道导向城市整体所在自然环境中凸显出来的地标。

地图会告诉我们，番町的划分明显是靠着周边道路来限定的。当我们真实地穿行于其中时，就会发现，日本式的町区规划原理在其中发挥着作用：一条路两侧的地块界线是对齐的。从一番町到六番町，沿着道路两侧，是一个个町区；短边上的60间被进一步细分为2个30间；这样，路两侧的街区合起来构成了一个大的町。而街区之间的分界线对应着町的边界；这些町区边界通常是崖面，用高差变化就能限定一个个的町区。那个位于九段小学后身落差上的楼梯就是一例。这样的设计倒是会让人想起巴黎的蒙特马（Montmatre）高地那令人愉悦的氛围（图23）。

因为在现代时期里土地骨骼没有什么改变，对这一地区的观察让我们可以从4个世纪前旗本住居的格局规划上学到一些东西。我们会在当代东京身上看到江户时代城市空间的构成，甚至看到连文史资料都不会告诉我们的细节。一旦我们开始从东京身上发现并复原出江户的形象，二者之间的历史连续性就会显得生动而明晰。

在明历大火之前，这一番町是个住所简陋的区域，都是一些草葺茅屋，围墙多为竹林，入口多是柴门。大火之后，竹林被砍掉了，房子的风格开始宏大起来。在参谋本部测量局明治十六、十七年间（1883～1884年）绘制的东京城市地图上，我们发现一些跟江户时期模样差不多的旗本住居。对比之下，我们得出了它们的基本形构："地块—门—建筑物—庭院"。跟我们在大名屋敷看到的情形相同，这里的道路两侧也会设巨大的长屋构成的门，这一地区也有一种庄严的氛围。

铃木贤次（译者注：日本建筑史学家1946年～）曾详细研究过那些没收武

［图23］［上］九段小学背后的台阶

［图24］［下］番町内街区地形剖面模式图

［图25］［右］旗本屋敷的一般构成

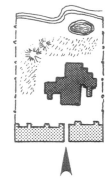

家住宅的谕令[6]。他证明，江户时期的旗本住居，其规模差距很大，皆依住居建造时期、主人职位或是俸禄的不同，而从100坪（1坪约3.3m²）到2000多坪不等。不过，在这个江户早期根据严格的规划划分出来的番町里，旗本之间的俸禄差距并不大；江户晚期地图以及明治十六年（1883年）的地图表明这一地区的平均住宅地块大小在300坪到900坪之间。

即使是占地很小，番町里的旗本住居还是会放进大名屋敷的所有要素，就像在造一个迷你大名屋敷图25显示的正是一处从北入口进入的标准旗本住居平面格局示意图。先是从长屋门进入，然后会有一条10间（60英尺）长的石铺正规步道，将人引向住宅入口。虽说每个旗本住居的面积大小不一，大者将近100坪（400平方英码），其中的布局就像一个简化版的大名屋敷。花园的位置会更往里，大约会占据整个基地的1/3或是1/2。有些花园的风格是江户式的，筑山挖池，十分精彩，常会被人用诗歌去称赞："五番町户川邸的盆景百株，一番町由良家的花菖蒲（译者注：鸢尾花），表二番町中山邸的樱草（译者注：报春）。[7]"这些花园都尽可能放在主体建筑的南侧。

图12是一张根据幕府晚期照片所绘制的复原图，上面显示的是年俸禄在4000到5000石级别的将军家臣的旗本武士屋敷。这样的住宅大小几乎不会影响到从道路上看到的景观，因为前面有长屋门在地界边上挡着。只要在里面走一圈，我们就能想象得出当初位于伊贺上野町的中等武士之家的生活。

随着明治维新的到来，大多数番町的旗本住居都像大名屋敷那样，被划归帝国所有。而后，这些宅邸被改成了生丝和茶叶的加工地，这些东西也是当时日本的主要出口产品。当这项政策失败后，新政府为了不让武家宅邸荒废掉，就不再拆房子了。取而代之的做法是将武家住宅出租给高级官员作为办公人员的住宅，并于明治四年（1871年）以打折的价格把它们都卖了。这样，一时荒芜的番町又复兴成为高级官员和贵族们的寓所，并保留了那些沿街的长屋门，让这里一直有着人们熟悉的庄严氛围。很多作家如泉镜花、岛崎藤村等都在这类番町里安了家。甚至，会有文学杂志《文艺春秋》的广告牌挂在此地的一处旗本住居的门上。也正是在这样的番町里，外国大使馆和外国学校，他们的建筑最先用西式风格进行了装修（图26）。

今天，这类番町里有一半的建筑都在大地震和战争中被损毁了，没有几栋住宅真是保留下来的老宅。因为土地利用的高密度，那些有着长条形状的地块都被二次切出了一前一后两块。但是，在主路上还矗立着某些原来气派的武家宅邸，整个街区也没有失去之前的性格。那些沿街的完全遮挡住从一家望进另一家视线的长屋门都被拆掉了，这就让某些武家住宅部分地显露了出来，也让武家住宅成了街景的一部分。这可能是明治时期这类地区所发生的最大的变化。然而，基本的机制直到今天仍然在发挥着作用，通过沿着地界设一圈牢固的围墙，只留一个门的方式，仍在捍卫着私人地产和公共空间之间的差别（图27）。以这种方式，这类番町的性格跟诸如大正时期田园调布和成城这类高级的"花园城市"还是不同。

近来，此类番町的景色正在经历一次转型。办公楼和共有式公寓楼开始取代原来矮房子、大花园的特点——毕竟，从土地利用的角度看，大花园实在是没效率可言。然而，即使建筑物的设计和尺度都在改变着，德川家康时代留下的结合地形、道路、街区划分所创造出来的基本骨架仍然在400年后控制着这类地区。不只是"富士见坂"这里，像法眼坂、一口坂、带坂这些地方和其他山坡，也都保留着过去的名字，仿佛是在告诉我们，有那些直路在，有网格路网在，番町的变化不会是彻底的。并且，坡路两侧随处可

［图26］［上］明治三十年（1897年）前后，各个番町的总体图景

　　　　　［图片来源：《新撰东京名所图会》］

［图27］［下］番町街巷的变化（自上而下）

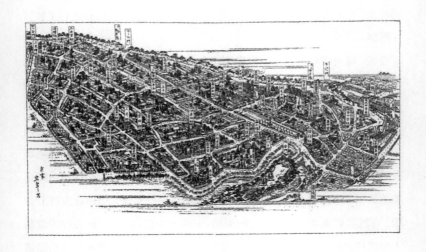

见的石墙和老树，仿佛在述说着番町曾经的故事。

于是，江户时代的城市结构塑造出的番町在今天仍然保留着突出的性格，而且就像一场戏剧里的发展线索，它仍然是在未来保持城市身份不可或缺的因素。

组屋敷

就像明治之后出现的那些大型邸宅继承了某种小尺度的大名或是旗本住居的形式一样，如今我们在东京到处见到的带着一个小小院子的独立式住宅，属于下级武士建造住宅的传统。此类住宅占据了江户武家住区的大部分地区，差不多覆盖了整个江户城的七成。跟之前大名屋敷所经历的激烈的现代变化不同，诸多这些武家原来的地块划分和地界在如今东京中心的大部分住宅区里一直没变。于是，我们可以从它们身上寻找出这类地区里百姓住宅的一条从江户时代一直延续到现在的重要谱系。虽然有人常会把下町地区主街上的町家和里巷里的长屋说成是如今住区所继承下来的江户气质，但是很奇怪，人们很少关注山手地带住区的历史连续性。但是如果我们要搞明白今日东京人那种总想要一个带院子（不管多小）的房子的情结，那么解读江户时代下层武士们的住宅就成为重要的课题了。

隶属幕府（将军）门下的武士（幕臣）是分成两个群体的：旗本，是指具有可以直接谒见将军资格的"御目见"以上的人；"御家人"则没有这样的资格。通常，"御家人"以下称之为"下级武士"。

这些下级武士又根据他们在幕府里的位置分成不同的服务性群体，诸如御徒组（卫兵）、大番组（守居城的兵）、御贿组（守家的兵）。每一组群的成员都共同生活在从幕府借来的土地大绳地——上的一个个单元地块里。

每一个下层武士的居住地，都在中间有一条街，街两边是差不多等大的20到30个地块。下层武士的住宅区因此有着统一规划出来的感觉；简言之，就是旗本番町的微缩版。沿袭了日本城市建设的一般性模式，这种中心街道扮演着把街两侧一个个下级武士组屋敷用地团结成为一个町的重要角色。在江户时代的老地图上，这些下级武士的住宅区通常就被标记为普通下级武士的组屋敷，并不会标出里面一个个居住者的名字的。

用今天的话说，组屋敷就像我们今日的军营或是带家眷一起生活的政府职员们的宿舍区。原则上讲，平民是进不了这样的地方的。因为在中心街的两端，通常还会设置有门的木栅栏。这样，就形成了一种封闭的、独立的武士们的居住空间。

让我们依据文献史料来看一下各住宅的构成吧。我们会注意到，这类住区里家家户户邻居之间以及宅界上，都设有绿篱及简单的木门。从前门到房子入口门厅处的距离也就是4~5间。在此之间一般会有能标识出居住者地位的路径和前庭。这类下级武士组屋敷区的实例之一就是深川元町的"御徒众"（七十俵五人扶持）。在那里，每一个房子都有1个门厅（3帖榻榻米大小），2室（各为8帖和6帖榻榻米），厨房和厕所 [8]，大致上等同于今日中层职员公寓的大小。

事实上，在我的印象中这类城市景观现在仍然比比皆是，尽管多数中产阶级住区里的房子已经成了采用新材料盖起来的2层楼，用地周界成了混凝土墙，其实地块使用和房间布局的基本形构还是老样子。

川添登曾指出 [9]，因为在江户时期山手地带还算田园城市，有着很多覆盖着植被的开敞空间，即使是下级武士的住宅也能拿到100~200坪的地块。这样的居住条件比之现代东京中产阶级的居住用地好上很多。因为下级武士的房子跟地块相比相对还是很小（图29），留有空地，多数武士会在很大

〔图28〕〔左〕组屋敷的模数
〔图29〕〔右〕组屋敷概念图

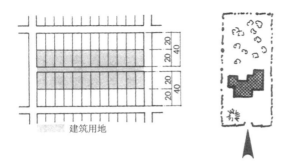

〔图28〕〔左〕组屋敷的模数
〔图29〕〔右〕组屋敷概念图

的后院里种蔬菜什么的，以贴补家用。

我们在哪里可以找到这类下级武士组屋敷区呢？它们依据的又是怎样的规划原理呢？首先，我们需要把江户时期的各种地图分时段整理出来，以便确定每一个下级武士组屋敷区开发的年代。特别是在1865年尾张屋木雕版的印刷系列地图里，我们可以找到很多有关江户晚期各类住宅区的形态细节。通过比对当下东京现状图和明治十六年（1883年）参谋本部测量局东京第一版比例准确的1：5000地图，我们基本可以推测出每栋住宅的真实尺寸和形状。

明治十六、十七年（1883～1884年）这一版的地图对于我们的目的来说特别有用，因为它描绘了从江户时代以来一直没变的建筑物、门、围栏、内院。从这张图里，我们可以看到地块上是怎样布局的；我们还可以辨别出相类似街景的轮廓。但是如果我们想知道更多的东西，比如我们想搞清楚哪些地方会被选作建设下级武士组屋敷区的用地，或者每一栋住宅是怎样根据具体地点的微地形进行规划和设计的，我们就得带着明治十六年

（1883年）地图和1∶2500的现状图，到今天的东京去走一走，仔细解读真实的现场。

最早开发了这类下级武士组屋敷区的地带——亦即四谷、市谷到江户居城西，以及小石川往北——都是当时旗本番町的外围地带。特别是居城西，那里有着从江户居城往西北一直延伸出来的3层向心式的空间等级。下级武士组屋敷区是设置在为德川家亲藩谱系的大藩府邸以及旗本住居专用地的边上。也就是当时离居城最远的地方。这些地段主要是高地上的平地或是缓坡地带，特别适于开发整齐规划出来的下级武士组屋敷。

这类初期下级武士组屋敷的特征在于，它们都是根据规划理念的定式规则建造的。这些下级武士组屋敷跟附近高等级的中心街道以及展现其他日常生活场景的街道隔离开来，以此为武士们确保一种安静的居住环境。

通常这类下级武士组屋敷的一个街区是长条状的（图28），长边为东西走向，短边通常为40间。短边中间分出上下两家地块。每一块地的深度在20间。这些尺寸的设定跟旗本住居的划分一样，都来自古代条坊制的规定。这也是日本桥、京桥一带平民区规划的方法。虽说平民区里的街区是正方形的，有60×60间，可其中每一个地块的深度也是20间。显然，基于60间这么一个基本模数，古代条坊制规划是套用于整个江户城下町的，不管是山手地带还是下町地带。

这里请再次允许我把大名屋敷、町人地、旗本屋敷、下级武士组屋敷的町区规划模数整理一下（图30）。虽然60间的基本单位会被用到所有模数身上，但接下来，人们还是会依据居住者的社会地位进行不同比例的切分的（1/3、1/2、2/3）。

下级武士组屋敷区的基本地块是7~10间宽、20间深，几乎同平民住宅地块等大。不过，两者之间在土地利用上，还是存在着巨大差异的。平民住宅

[图30] 江户划分町的模数表

分割比	2	1	2／3	1／2	1／3	
2	（240）	120	（80）	60	（40）	大名屋敷
1		60			20	町人地
2／3						
1／2	60	30	20	15	10	旗本屋敷
1／3	40	20		10	7	组屋敷

区里密集的里巷提供着开设店铺的场所，而下级武家屋敷背后多是大型开敞空间。这样，江户整体而言乃是根据在居城城市中常见的规划模式的清晰概念建设的。

但是，出现在诸如平坦下町里的统一方格网体系，并没有被机械地投射到山手地带起伏的地貌上。实际的城市规划手法十分丰富，具有相当的灵活性：城市里规划单元或是模数首先要针对地形进行调整（虽然只是微调），然后一个个单元连起来以马赛克的方式形成山手地带的整体。这类城市规划只是在规划细部时是系统性的；多数情况下，是在针对具体地点作富于灵活性的调整。

结果在山手地带，每一个住宅单元都是那种"城下町特有的规划意志"与"起伏的原始地形"之间柔软的结合。由此形成的城市环境既靠有机弹性也靠高质量的骨架去维系。这里，我们看到了跟城市规划或者现代建筑设计、技术的明显反差——如今的人是不管在什么地点，都要强加同样的东西，根本不把具体场所的条件考虑进去。

现在让我们去看看在市之谷高地南坡上的御徒组武士们的住宅区。当我们爬上神乐坂，在山顶转向西，我们就到了这一如今仍然安静的住区。自远古以来，像这样向阳的山坡就是上好的居住用地。

这里，整个地区被划分成了一个个9～10间宽、20间深的地块，这也是江户时代下级武士组屋敷区最大的地块进深了。从一幅江户晚期的画作上我们得知，在街口处是有道木门的；这样，后面就成了封闭独立的环境。我们从明治十六年（1883年）的地图上了解到，即使在那个时期，武家住宅也还基本没变。明治中期的地图也告诉我们，跟平民町区不同，町人地的房子是压着街道边线建造的。而这个武家住区里的房子较少，有更多空间用作院子和菜园。在每家入口背后，4～5间外才是房子。从图32我们可以看出，这些房子直接面向街道。跟上层武士的豪宅不同，这些下级武士组屋敷区的房子根本不顾朝向，只是一致对着东西向的街道而已。换言之，尽管每一户的入口有可能面南或者面北，但是门、前院、正入口的空间形构是一样的，而且前院都是差不多大小的；后院点缀着假山，空地上种着蔬菜。

大约自幕府末期，这些地块有些已经开始被切成前后两块；即使这样，原来的土地划分基本上还是没动，没有出现激烈的再分和破碎化过程。即使地块上的传统建筑已经消失，也出现了几处低造价的公寓楼，这一地区的居住环境仍然不错。这在今日东京中心区已属难得。最近几年，这里虽然出现了几栋共有式公寓楼，但是没有出现大的建筑，因为每块地也就只够建独立住宅。所以即使现在，整个地区还是非常安静又稳定的住宅区。

但是多数下级武士组屋敷如今都经历着剧烈的环境变化，主要是因为高额的遗产继承税。人们已经不可能再像过去那样，一代又一代地，保住一所上好町区中的住宅了。越来越常见的现象是人们把一块地分割之后卖掉，变成公寓楼，或是把整块地都卖给地产公司。开发商就会在武家住区里开发大型共有公寓楼。这样一来，不只是失去了这些特殊场所的历史景观那么简单，也同时失去了原有的植被。而植被乃是维系我们城市环境宜居性的最重要条件。事实上，这才是我们面对城市环境危机时最为棘手的

［图31］［上］御徒组的组屋敷

　　　　　［图片来源：《尾张屋版江户切绘图》］

［图32］［下］明治十六年（1883年）前后的旧组屋敷

　　　　　［图片来源：《参谋本部测量局1/5000东京图》］

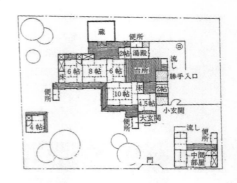

[图33] 下级武士住宅平面图

地方。我这么说并不是要否认我们战后（下文所说"战后"皆指第二次世界大战以后）改革的成效，但是……

告别御徒组的下级武士组屋敷，我们再来看看二十骑町。我们会在这里找到几处幸免于1923年大火和二战轰炸的类似街区。更为幸运的是，在调查过程中，我们找到了其中一个曾经属于某兵卫长的老宅的旧平面图。图33就是这栋住宅的平面图，我们还在与现房主小藤的多次交谈中获得了很多信息。这栋房子是他的家族在明治初期买下的。

最初这个地段住着10人一队的两队"御先手"（地名"二十骑町"就是这么来的）。这一建筑以及花园里的假山都出现在了明治十六年（1883年）的测量图上。虽然小藤卖掉了地块的西半块，建筑物所在的东边半个地块在我们调查时还保留着原来的模样。建筑物本身可能是江户晚期建造的，因为宅邸是那个时候被买下的。它在那里有些年头了。一张由尾张屋出版的江户晚期地图标记着某位名叫"山本喜兵卫"的人拥有或住在这里。

原来的地块宽15～16间、深13～14间，总面积约为200坪。进门之后的右首是仆人住的部屋，左侧，在房子前，是花园。从门到房子入口门厅的距离为4～5间。跟当时此类建筑的一般格局相同，这栋建筑的正面也有两个入口。大一些的是待客入口门厅，小一点的是家人入口。在客人进来后就进入了一个4.5帖榻榻米的入口门厅，左侧则是10帖榻榻米的客厅。在客厅背后从右向左是一排房间，分别是一间厨房，和3间卧室（面积分别是6帖、8帖、6帖榻榻米），都朝南。再背后是一间浴室、一间厕所、一间仓库和一口井。平面图的确显示出某种有荣誉意识的武家风范，给客人使用的公共空间是被严格隔离出来的（而家属生活的区域则向西延伸，朝向花园）。

这一宅邸的尺度要比下级武士的宅邸大些。正如会标记主人名字的旧地图上所显示的那样，这处住宅是一代又一代执法的"御先手"的家宅。这样的人，也是御家人里最高级别的官员。该地块很宽很浅，花园的位置也在面街的一侧。这可不是下级武士住宅的典型；不过，这栋房子却为下级武士住宅的普遍形象提供了重要信息。还有，该平面提供了可信的证据，此类住宅就是现代带有院子的独立住宅的原型。

当我们来到山手地带的外边缘，登上小日向高地时，就会感受到一种不可思议的气氛。仅仅看一下町内会的导览地图，就能意识到此处是由一种异样的规划所形成的。

正是在这么一处离开居城很远的北部地区，在江户早期建起了御贿组下级武士的住区。它的建设时间甚至早过了护国寺。根据元禄时代（1688~1704年）的《江户图鉴纲目》（1689年）里的江户全景雕版画来看，这个地区那时还是野地。音羽町边河谷里还有一条溪流。后来因为修了护国寺，这里成了繁华的寺区。但是，这一地段上，沿着6条东西走向街道上排布的下级武士组屋敷区，显示了强烈的规划痕迹。真是令人惊奇，在地势起伏这么剧烈的地方，还能沿着平行路做出这么优秀的规划住宅区（这也是我真实走完了现场之后才发现的事实）。这个街区是把边上的农田吞并之后形成的。规划得就像军营，住宅跟外部世界都隔着一道木门。即使在今天，我们还是会在现场感受到那种封闭的氛围。

最初看上去，这些下级武士组屋敷区的组织模式很像我们之前讨论过的神乐坂住宅区的模式；但是，它们在真实尺度上，却完全是两回事。因为一个街坊的短边为15间，每一个地块的深度只有7~8间。因此，对于此类住宅来说，地块相当小。不过，它所具有的60~70坪的面积也还是会让今天的东京人羡慕不已。即使今天，那些东西向的街道都很长，宽度却只有10英尺。这样，这类街道更像是私人车道而不像公共道路，外人很难闯进来，这里的居民也就有了自己安静的生活空间。

从小日向高地，我们可以下到鼠坂（图35）。前面就是目白台的东京大教堂。朝西则是音羽町。或者我们也可以朝南走，下到八幡坂，眺望从此处向神乐坂延伸的台地。

用这种方式耐心地在山手地带行走，我们会经常在某个高坡上看到一幅美丽的全景忽然展开，给我们带来某种自由感。在这些地方，我们不仅会发现自己身处何地，更有机会能够从三维空间实地学习那个地点的历史。从古时起，东京就有很多嵌在城市环境中的非凡机制，使得"人类"与"空间"的对话得以油然而生。幸运的是，这样跟地形本身密切相关的城市景观，一直保留到了今天。

然而晚近的时候，高层办公楼和公寓楼已经开始在下面的街道上遍地开花，完全阻挡了人们的视线，人们也不再能够直接看到丰富的地形变化。我们迫切需要制定管理措施，以便保护住东京的美，特别是那些从高地上望见东京美丽全景的机会。

但是当我们继续走下去。到了江户中晚期，江户这座城市已经变得十分拥挤了，它的建成区界线也从中心向外越扩越远。与此同时，更多新来的武士在南部的青山和麻布建起了住宅。在这之前，居城南部所有上好的土地，

[图34] [左] 小日向的组屋敷 [图片来源：《尾张屋版江户切绘图》]
[图35] [右] 现在的鼠坂

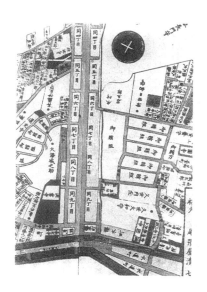

就是地形变化引人注目的地方，都已被早期大名屋敷以及随后的中下级武士的武家住宅占了。那么新来的武士就不得不用更小的、面北、崖下或是河谷的地块建造住宅了。这些下级武士的世界，与高地上的武士空间已经分离开，在性格上倒是跟庶民空间越来越接近。这类地区通常是将一处既有的武家住宅或是寺地改造成新来的下级武士组屋敷。

即使在地形如此不利的地带，我们还是能够看到一种希望进行规划开发的愿望。还有，河谷基地成了潜在地能够变成封闭舒适住区的地点，这类地区可以在现代城市发展中保留一点安静的氛围。

青山和麻布就是例子。这些地方给人的印象是它们藏着那些高级住宅和大使馆，或是年轻人聚会的时尚场所。即使在这类地区，也还是存有大量的历史痕迹。在那些商店和豪宅背后的洼地里，就是一些安静宜居的住区。在这里，我们可以找到江户下级武士组屋敷的源头。

江户居城以南的城南区是个多山、景色优美的地带。这里一直都是东京最佳的居住用地之一。甚至，在明历大火之前，这里的山头和高地山脊上就已经建了许多大名藩主们的中屋敷或是下屋敷。后来，平民町区在此地的山脚河谷地带形成。到了18世纪，低洼地上的下级武士组屋敷为了容下更多的御家人开始靠近平民区发展。

作为此类住宅的典型代表，我们可以去看看麻布我善坊町（今日港区麻布台一丁目）的御先手组的居住区（图36）。这些住宅都是建在从西向东嵌入麻布高地的狭长盲肠般的河谷里的。沿着东西向的中央路两侧，规则分布着宽7～8间、深20间的地块。一般来讲，被周围高地包围的洼地是不良的立地条件；但相反，这里被开发成不被打扰，安静的住宅区，也是众所周知的。

今天，城市剧变和多条高速路的穿越影响到了整个麻布。不过，这个内

[图36] 麻布我善坊町的组屋敷 [图片来源：《参谋本部测量局1/5000东京图》]

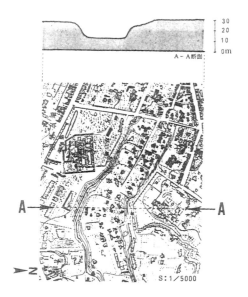

凹的地区还是这里的居民集体记忆中的一处安静圣地。现在，一个个地块已经越变越小。在这么中心的地带，或许这是不可避免的。虽说江户土地划分的基本骨架仍然依稀可辨，东边的地界上多了新的街巷（因为考虑到日照，小巷规定了南向东的通行方式）[10]，端头上多了四五间房子以及一些两层楼的公寓。今天，我们会更容易在山手而不是下町见到过去平民区常有的传统街巷空间。因为下町本身已经经历了剧烈的道路改线。大型官厅（诸如外交部、邮电部大楼）占据了周围山上之前的大名屋敷，而平民住的相对较小的房子则在洼地深处绵延。简言之，这就是我们今天在山手地带经常见到的城市构成。

如果我们从六本木交叉口朝乃木坂走200米左右，我们就看到了左首的天祖神社。神社南侧就是从喧闹主街隐藏起来的御先手组整齐的组屋敷。虽说这里如今成了新旧交错的模样——老的单体式房屋、廉价出租屋、新的公司住宅、共有公寓什么都有——不过，这个住区因为原来下级武士组屋敷的统一形构，还是保留住了安静宜居的环境。如果这样从江户传下来的安静的生活环境能够在喧嚣的六本木保留下来的话，我们是不是应该在这里寻找审视今日东京的别样方式呢？

到了18世纪，幕藩体制的问题和矛盾开始暴露出来，江户城发展到了过度蔓延的地步，已经没有了早期清晰规划的控制了。同样，这一时期开发的下级武士组屋敷也没有了早期规划的影子。诸多武家就建在了差地上；比如，在之前某户武士老宅的转角上或是崖下或河谷里寺庙的边上，更有甚者，建在了河谷路的边上，紧靠着山手地带的平民区。当武家建在如此繁忙的过境交通道路的边上时，谁都不能再保证武家一定会拥有半公共空间了。很自然，这类建在交通道路边上的武士住宅日后就沦为了贫民窟。

显然，那些之前有规划且建于江户初年的下级武士组屋敷大多保留了良好的居住环境,江户晚期临时搭建的那些质量低下的武士住宅则很难逃脱衰败的命运。

无论如何,有关下级武家宅邸的许多记忆却留在了山手线内侧居住的平常百姓的脑海里。这类下级武士的住区怎么说都比今天的城市规划更为成功。我们行走在一个个宁静的口袋空间里时,会发现自己不只在追寻江户规划的巧思,也在体会着现代批量化生产的单一住区规划所没有的成熟城市景观。不过,令人遗憾的是,除了老人家之外,多数当地的年轻居民已经不再了解住区的历史了。

似乎中下级武士住区诸多传统的规划手法倒是遗传并体现在大正末期、昭和初年(1920年代)东京西部建起的那些城郊住区的设计上。我们可以看到,在重塑东京的生活环境时,最为重要的课题就是重新理解下级武士组屋敷的角色和价值。

晚近的时候,社会上许多阶层的声音都是关于东京城管制问题的。有人呼吁重新改造城区,建设更高的建筑,提高土地利用率。这样的建议更多的只是出于经济上的考虑,而不是出于使城市环境更为整体的考虑。当时的首相竟然强势地声称,位于山手线内的建筑,最矮的都要5层楼高。人们很容易地会认为,为了公众安全和改善环境的需要,需要用中高层建筑以及多单元建筑取代低层、低质量、高密度的小房子。但是,晚近那些中高层公寓式建筑正在取代的并不是下町,而是上手地带高地上的好房子。而下町地区,则持续经历着居住人口的流失,因为新建的高层建筑都是商业建筑。也是在山手地带的山手线内,多数住宅区里植被良好、历史悠久。当下的情形是,越来越多的山侧大型地块被不断切割,开发成为共有公寓楼。我们迫切需要制定可行的措施,在保持自然环境和民主化的土地政策之间保持一种平衡。

我们必须首先了解每一个城市街区的历史和文化背景，以便能够评价其当下的生存条件。只有这样，我们才能让自己置身于居民的立场，开始针对各种不同的场所，作出对今后街巷更加合适的构想。

河谷间的町人地

武士并不是江户山手地区唯一重要的人群。如果我们沿着武士住区多走几步，我们很快就会看到一处斜坡或是崖壁，它们构成了台地的边界。在其下的谷地里，就散落着许多平民房子，我们或许可以把这类住区叫作"山手地带的下町区"。

我们只要回忆一下就会记得，山手地带的地形非常丰富，里面有中型和小型的河流与水体，诸如平川（如今的神田川）、溜池川、古川。这些水体深深地切入武藏野台地。沿着这些水体，本来是农田。它们被蔓延过来的江户城区吞并，转化成为平民住宅区。所以，沿着河谷路，就是"山手地带的下町区"的源头。

这些地段的开发要等到江户中期。江户早期，在居城外濠之外什么都没有，只是河边的武藏野杂树林地和几处并不高产的农田。江户作为城市的发展期是从明历大火之后开始的。从那时起，山手地带开始形成一种适应地形的二元结构的特殊城市空间：武家沿着山脊路建，平民町家沿着河谷路建。到了1713年，城郊地带包括小石川、牛込、市谷、四谷、赤坂、麻布都正式划归江户城区管辖范围内。几乎所有的山手地带的河谷町都是这一时期发展起来的。

这些河谷町的形状是顺着蜿蜒的河谷路生成，并尽量用足道路两侧到崖壁之间的狭长土地。因此好多地块无法做到20间进深。相比之下，一般而言，规划出来的下町町人地还是会给足每个地块20间进深（60间标准地块边长的1/3），并会开出巷路，让两侧住宅对齐。在山手地带，如果空间足够，人们还是会最大限度地保持下町地带町家和里巷长屋周围的常有庶民空间。亦即，在街上，会有出售日用新鲜果蔬的杂货店。在里巷的长屋里，则住着花匠、木匠、泥水匠。他们为山手地带的府邸们提供服务。

町家是城市中最为普遍的建筑物。在町家住宅里，我们会看到工作和居住是连在一起的。做生意的部分在临街店铺，居家部分则在店铺后面。关西的町家不是这样，关西的町家常有一个从前到后的"通院"（贯通建筑物内部的土间）。而在江户，只能沿着房子留出一段"土间"（译者注：地面为泥土的内院或半室外房间），好让人从前店走到后宅去。这当然是适合江户这样大城市的做法。因为这里要容纳不断从附近乡下涌来的匠人和劳工。他们就住在里巷的长屋里。

这类里巷自然也就成了江户—东京平民们生活的舞台。住在拥挤长屋里的房客们没有自己的院子，只能把里巷当成自己的开放空间了。因此，里巷也就不只是由花木一类的东西所点缀的"前院"或是儿童的"游戏场地"，还是家庭主妇们生炉子做饭的地方。里巷也有公厕和水井；在里巷深处，往往还有稻荷、狐仙神社。这类小神社为里巷居民提供着精神纽带。因为里巷直接跟人们的日常生活有关，各家的厨房也常常对着里巷。

明治维新之后，随着大名和旗本人口的减少，山手地带经历了一个破败期。可不久之后，代表着明治新政权的王公贵族和资本家们就住进了之前武士们留下的宅邸里。在其他地方，各种现代设施——官厅、学校、大使馆——冒了出来。随着大正、昭和时期（1910～1920年代）有轨电车线的铺设，城市居住用地范围扩张到了台地，"山手地带的下町"又恢复了活力。

在整个明治时期，长屋里巷的结构基本保持着之前的模样。但是到了大正时期,现代化的迹象已经十分清晰。首先,有人加建出二层楼,增加了居室。随着城市自来水和煤气管线的进入,厨房失去了跟里巷的天然联系,改到房子的另外一侧去了。取而代之的是很多家庭加建了入口门厅。于是,随着现代化的进程,普通百姓的长屋也变得更适于起居了。我们今天还能够体验东京此类河谷町环境的地方就是诸如本乡通上菊坂这样的地段了(图37)。

虽说如今的山手地带已经彻底城市化了,它起伏多变的山地地形还是没有变。随着更多的高速路和高层建筑的出现,主要山脊路和河岸路两侧的风貌已经完全变了模样。但是只要我们朝着河谷深处多走一段路,就可以看到跟当地居民生活休戚相关的繁荣町区。

麻布十番就是一个很好的例子。在其周围山地上建的许多公寓楼似乎给这里带来了更多的购物客,让这一町区生意更旺。尽管城市一直在现代化,可是这种在高地和河谷地之间的相互支持的关系却保留了下来。这里的铺面保留着它们地块划分的原初状态,商业街作为人们购物的地方仍然服务于整个地区。

不过,近些年人们也在谈论怎样才能复兴此类商业区,不是通过那种大规模的一次性开发,而是通过装修改造,尽可能保留现有城市结构的方式。我们非常赞同这样的规划思想,因为它是基于每个地方固有的历史和文化积淀的。

结语

手拿旧地图,行走东京,阅读东京,这才使我们得以亲身体会到东京是一座美妙的城市,是有着尊崇自然和地形条件而巧妙创造出城市景观个

［图37］现在的菊坂一带（住居表示本乡五丁目）

性的城市。用这种方式研究城市，我们会惊喜地看到数不清的实例。它们让我们知道，我们今天所喜欢的东京乃是江户原有城市规划留下的一笔遗产。我们因此也理解了东京本身所面临的危机，因为东京市民正在以功能和效率之名抛弃这样的遗产。

我们一路上也可以看到许多由现代城市规划所制造的幻境。想想吧，如果不是先有一个江户的城下町在这里，我们是从一张白纸开始建造一座现代城市，没有任何特点或是表情，没有任何统一性，我们建造的城市也就是一座死城，连起码的基本功能都实现不了。只是因为我们继承了江户的坚实骨架以及江户人所特有的土地使用感觉——把应该放在一起的东西放在一起，才使得今天已然肥大化的东京仍然可以保持一定的环境质量，没有破绽地持续到现在。在使用现代技术再次进行大拆大建之前，我们是不是应该谦卑地接受一个事实：江户并不是我们的包袱！

无论如何，首先通过这样一种阅读城市的方式，我们或许能够把江户的历史结构带入自己的工作中。我们过去一直以为，江户的结构跟今天的东京没有什么联系。可改换思路之后，即便去看我们非常熟悉的社区，也会有一种新鲜的感觉。虽说老的建筑已经消失，年轮——以及城市所保留下来的记忆——不断地刻到东京的脸上，我们还是会逐渐了解到这里每一个街区都有着个性化的丰富表达，且跟历史的城市结构以及局部土地利用有关。而这些要点难道不正是强化人们对东京认同感的真实可能性吗？毋庸置疑，随着东京变得更加国际化，这些城市结构的特点也会变得愈加宝贵，新旧可以并存，表层与深层可以互动。

时至今日，我们都已被城市里层出不穷的运动弄得晕头转向。在混乱中，多数人已经忘记了自己身在何处，该如何生活。人们已经忘记了是可以去爱自己的生活环境的。城市之美以及生活环境之美是需要在关注的目光中缓慢获得的。也只有以自己的家园为骄傲的人才会关注自己的城市。现在已经是时候坐下来，用一种历史性的视角，重新熟悉我们的城镇和社区成长的过程与方式。只有这样才能对以市民为中心的社区建设的土地，加以讨论。

总之，我强烈建议您拿上一张老地图，去那有着丰富历史的东京山手地带，走一走，看一看。

第二章 「水城」的宇宙观

引子

今人几乎已经全然忘记了东京的下町区曾经是一处可以跟威尼斯媲美的水城。沿岸的美景曾经是歌川广重（译者注：江户末期的浮世绘画师，1797~1858年）之后的浮世绘画师们喜欢描绘的对象。东京水岸有着今人难以想象的城市空间。而今天的河岸都砌有高护堤，水面上架设着高速路。不过，即使城市在现代化，水岸也在变化，水岸地带仍然在1964年东京举办奥运会之前为这座城市提供着最为优美的景致。

但是在过去20年间，东京那些被弃用的运河已经成了无用的长物。它们成了城市里"病态"的东西，远离了人们的视线，成为被现代化遗忘的"羞于见人"的污水沟。这种情形显然是经济发展和功能至上的城市政策的产物；不过，它也是我们市民意识和价值观容忍其发展的后果。

从整体上讲，东京自从明治时代已经转变成为完全的"陆城"了，那些下町岸上一侧的生活空间已经急剧地改变了模样。下町区在大地震之后都经历了大规模的城市改造，重新划定了区划和地块的边界。因为灾后重建看重的是交通便利和防火要求，那些过去落语（喜剧）中曾经登场的"八五郎""熊五郎"等人物形象生活过的里巷长屋的景象几乎已从城市中心全部消失了。

如今在下町的街巷中行走时，我们已经很难看到从江户到东京城市结构上的清晰连续性了。借助史料和地图，我们能够重构的是江户下町世界的局部。然而，我们很难再次采用我们在山手地带所使用的方法，也就是把江户时代的城市结构叠加在东京当下的城市结构上，记住道路、街区、地块、建筑物的布局，轻松地在街道上漫步。那是不是意味着在东京下町区里就不再有一种阅读城市的办法了呢？

不! 就这么放弃, 为时过早! 虽然下町地区"水城"的结构看上去已经完全消失, 实际上它是转化成了东京的"基础部分"。虽说很多河道已经在经济高速增长期被填埋, 许多地块已经被放逐到高速路的阴影下面; 但是即使在今天, 如果我们沿着残存的河道航行, 就会发现, 还是可以沿着贯穿了整个下町地区的广大水网驶出很远的。因为有"船头"(译者注: 舵主、老船工)的帮助, 我们经常航行于东京的水路。从位于佃岛充满江户味道的码头出发, 驾上渔舟, 我们就可以探幽隅田川。先是在江东区的水路里巡游, 之后顺着神田川→外堀→日本桥川→龟岛川的顺序, 巡视东京的正中心。这类巡游是东京能够提供的最为美妙的观游方式之一, 水网几乎自江户时代就没怎么变过。当我们从水上看东京时, 如果我们可以充分调动想象力, 就能辨认出这座"水城"起码在二战前是怎样的情形。

当我们从水上看过来的时候, 那些我们在陆地上习以为常的日常城市景观变得令人惊奇的不同。为了在探幽今日东京城市空间的过程中从历史的层积中往上回溯, 从大正、明治一直回溯到江户时代, 沿水路前行实际上比在陆地上步行更为有效, 也更为迷人。

下町地区的城市生活, 从某种意义上说是沿着运河和河流的轴线展开的。城市的经济、社会和文化生活跟水有着密切的关系。不仅因为水体具有重要的交通功能, 还因为城市里挤满人的广场和引人注目的地标都跟城市水道相关; 例如, 江户时代和明治早期东京的绝大多数剧场都是邻近水岸的。这样, 城市的能量压倒性地聚集于水岸。滨水空间在创造现代城市景观方面扮演着重要的角色。的确, 水体为诠释东京的下町空间是如何建造起来的提供了清晰的基础。

另一方面, 在经济快速增长期发生的环境污染促成了我们对于"水体"与"绿地"在城市中重要性的反省。在如今各个城市的规划当中, "水体"和

"绿地"也都是不可或缺的亮点。但是这类关注中存在着某种危险，就是变成了对城市设计和景观设计的关注；然而真相却是，水体和绿化空间都是在更深层面与人类生活产生复杂关联的。

在西方，自20世纪之初，对于"水体"和"绿地"的坚持就一直是城市规划的一个特点。然而，在日本，此类思想只是近些年才引起了大家的关注。但是比之西方，日本城市从一开始就包含着或者说必须要紧密联系"水体"和"绿地"（或是"林地"）。江户作为17世纪世界上少数拥有百万人口的城市之一，如果没有了水体和绿化，几乎难以想象。因此，我们需要把水体和绿化空间的问题放在一个跟西方现代城市规划不同的语境中去思考。亦即，我们需要意识到哲学要素"场所"（topos）作为日本城市和区域里的一处地貌的形成过程是分不开的，它们跟那里的人类生活和文化是分不开的。

从以上观点出发，让我们以东京的下町区为例。我建议大家以"水"为关键词去阅读下町区的形成过程，并借此重新发现在城市背景中水的诸多意义。

江户的水系

从一开始，东京就具有创造美妙城市环境和城市景观的天赐条件。作为城下町，江户是建在可以俯瞰东京湾明媚风光的武藏野高地突出的端头上的。形成"水城"的町人地是沿着河口三角洲上的人工河道建设的，而山手地带的武家住区则在起伏变化的地形上创造了一种"绿町"。这就是东京作为一座拥有数不清的"桥""坂"和"町"的城市的形成过程。

特别是在平民心中，是把江户视为一座富水城市的。不信，我们去看看幕府晚期以及整个明治时期出现的那些鸟瞰图。它们采用的都是相同的构图、相同的景象——它们的视点都是选在江东区上空相同的高度，向西眺望；这些鸟瞰图都忠实地捕捉到了下町水城的那种感觉。那里正是江户平民阶层百姓居住的空间。在这些鸟瞰图中，从右向左一路流入东京湾的，就是滋养了下町的隅田川。沿着隅田川两岸，东京的"文学空间"也就出现了，到处都是跟平民文化、生活和思想有关的空间。最后，图上处在河边位置的都是町人地，河边到处是大大小小的渔码头以及带着明显繁忙感的水上房屋（图38）。

在这些鸟瞰图的中央矗立着江户居城，在居城身后，则是处在了山手地带绿意盎然中的武家住区。但是因为武家住区这类"政治空间"对于江户平民们来说只能算是一种隐约的存在，所以，这类图上对武家住区的刻画也不是特别着力。另一方面，富士山成了背景上的焦点。虽然在物理学意义上，富士山距离此地十分遥远，但作画者会在画中把它拉近。他们夸张地突出富士山的体量，以便将之戏剧性地描绘成这座城市的象征。通过这种方式，从下町平民的视角出发，江户这座跟大自然融合在一起的美丽"水城"被生动地描绘成为一个统一的宇宙。

然而，这样的"水城"东京的下町区并不是建造在毫无变化的自然场域中的。下町的建设是在一步步改造自然的过程中，在自幕府初期开始的一个接一个工程项目的实施过程中进行的。因此，下町区是按照人类意志完成的创造。只不过这种创造并没有像今天的创造那样总在炫耀技术。恰恰相反，下町地区的城市格局规划十分注重细节，遵从原始地形，做到了与自然共存。

在武藏野高地和千叶方向的下总高地之间，是流向东京湾的利根川和荒川水系。它们构成了一片冲积原，这片冲击原为下町的开发提供了场地。特

[图38]幕府末期的江户鸟瞰图

[图片来源：二代国盛，《江户绘图》，东京都立中央图书馆藏]

别是当江户改造了那些沿着日比谷地区流入东京湾的旧石神井川、旧平川这些中小河流之后，就形成了江户港。人工挖掘的运河和河道以及街区划分的规则网格构建起水城的中心地带。

除了交通运输，这一水网还有着其他功能。例如，在大雨期，这样的水网会帮助城市街道排水，并把溢出水流的一部分储存在隅田川里。这一水网还是家庭和工业用水的水源，以及这些地方排除废水的通道。简言之，这一水网是作为一种生态系统在发挥着作用。

把下町区在一片开阔的地带上铺开，就需要诸多大规模的市政工程项目（比如河道改造）做保证。江户城的大动脉——日本桥川——就靠近，但不在其本来天然的位置上，应该是当年太田道灌（译者注：室町时期的武将，以筑江户城闻名，1432~1486年）在改造日本桥川方向的旧平川时，将之改道所创造出来的。在江户时代，当德川家康重修居城时，他下令挖了"道三堀"运河（译者注：第三条运河），作为盐和其他物资能直接被运送到居城脚下的河道。最后，为了防止日本桥地区的人造土地再受洪水侵袭，人们挖掘了神田川运河，并将南北走势的平川和小石川向东分流至隅田川。[1]

在东京的这些水道中，有一条河道是通过深挖神田山山侧形成的。即使是今天，当我们乘船经过该河的御茶水河段时，还是会感受到两侧林木葱茏的护岸在向我们压过来，仿佛船正行驶在一个巨大的峡谷里。在夏季，这一带特别凉爽宜人，会让我们全然忘记自己几乎已经身处东京的腹地了。

这样的大型土木工事结束了平川下游动辄受涝的情形，并保护着江户港不再受淹。人们把挖掘神田山的土石填到了日比谷流入东京湾的河口处，修筑了这一地区的城市街道。

我们可以看到，虽说江户低地上的若干天然河流被改了道，其结果仍然

［图39］〔上〕江户幕府的运河治理

　　　　　〔图片来源：铃木理生，《江户的川・东京的川》〕

［图40］〔下〕现在御茶水周边的水上风景

是基本上遵从原有地形而生成的有机运河网络。那些环绕居城挖掘的濠同样服从于武藏野高地上丘谷相间的地形变化。人类的努力往往是对自然的添加。这种水体、堤岸、绿化相互交融的空间及其宁静的景色，成为了人们从城市外围回撤的重要窗口。现代东京继承下来的皇居内濠城市景观基本保持了原样。江户的开发将幕府城下町的独特性格和以深入解读自然条件为基础的场所改造实践结合了起来。在结合的过程中，其清晰的秩序感和变化的丰富性，成为了这座城市富于魅力的秘密所在。

运河的流通功能

将"水"作为关键词去解读下町地区的开发过程，我们需要首先把城市运河当成一种交通通道。江户下町的运河和水道是支撑起这座巨大的消费城市的经济命脉。在没有铁路或卡车的世界，幕府时代的运输和物流完全依赖水上交通。下町区最初发端于中古江户口岸，是平民间的商贸经济活动的发生场所。那时，来自全国各地的海上船只都要在品川或是铁炮州冲停泊，然后把货物转送到驳船上。这些驳船再沿着运河驶入河岸市场，在那里卸货。

在宽永时期（1624~1644年）绘制的江户地图《武州丰鸠郡江户庄图》上，清晰地显示了运河的网络，沿河梳子齿般的码头从京桥一直沿着东湾岸延伸到日本桥。江户时代这一地段是以木材贸易出名的，同时又拥有诸多繁忙的鱼市，那些船只可以沿着"八丁堀"深入城市内部。后来，这些码头被拆掉，面向东京湾的地段逐渐被填埋，外侧的水岸则成了水上交通的基地。[2]

在日本桥川北、本町附近的小舟町和小纲町地带，被保留下来的旧石神

[图41] 宽永时期材木町的河岸群 [图片来源：《武州丰鸠郡江户庄图》]

井川的河道成了一条深入进来的运河入口；从很早开始，这一地区就成了商业活动的重要基地之一。[3]

旧日的河岸景观到底是怎样的呢？从《江户图屏风》（图43）来看，江户时代的河岸沿线没有石堤，处于十分朴素的状态，不过，已经成了码头。沿岸常见的景象就是人们把货物卸到边上的堆场。但是随着江户时代商业活动的兴盛以及物流体系的建立，岸线条件得到了改善并开始有了一种明确的形构。岸线有了砌石的墙堤，沿线建起了仓库。仓库面水一侧都有伸向水面

[图42]江户后期的运河与河岸

[图片来源：铃木理生，《江户的川·东京的川》]

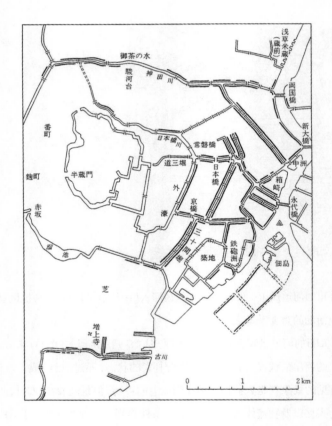

的小栈桥，使得货物可以直接卸下，并通过这种方式停泊许多船只。

由于木构建筑这么密集地拥挤在一起，江户经常会发生火灾。出于这一原因，仓库特别是那些用泥灰建造的仓库——"土藏"——就有了重要意义。滨水仓库对于物流系统来说是核心的，结果，幕府就准许了把面水地区岸线上所有空地都用来建仓库。这些仓库不仅便于储藏从船上卸下的货物，也有益于防止火的扩散。这也是明历大火之后政府提倡用泥灰建造仓库的原因。很快，沿着水岸就建满了仓库，从小纲町、小舟町、伊势町一直贯穿整个中心的町人地。那种舟船在运河两岸带有白墙"切妻屋根"（译者注：硬山山墙）的仓房之间鱼贯前行的熟悉水景就出现了（图44）。

从一开始，滨水地区就属于幕府管辖的公共用地，还有就是地主们把自家房产外拓出来的经商用地。因为这类地产的地价直接跟水路交通有关，对它们征收的税额要高于普通税率。当然，实际上，批发商们已经开始向这一地区集中，仓库（土藏）沿着河岸一个接一个地建了起来。

这样，在江户下町区的中枢部位，滨水地带的开发首先看重的是商业和货物的配送。仓库与店铺和住宅完全分离了出来。沿着在很大程度上决定着城市景观的滨水地带，城市中心由一排排仓库形成的独特空间形构形成了。甚至在江户早期，本质上十分日本式的城市开发模式也已现端倪，那就是以经济活动为主导的模式。然而与今天不同，今天的城市只容纳经济活动，而那时的城市空间即使赋予经济以优先性，也还是折射出一种美感。我们可以在一排排富于节奏感、白墙黑瓦的仓库所形成的城市美景中看到这种态度。不过，幕府末期来访的一个瑞士联邦政府使节团的团长却有着不同的感受。艾梅·洪贝特（Aime Humbert）在给出如下不好的评价时，他无疑是在拿江户跟威尼斯和阿姆斯特丹作着比较："如果城市原来的规划不是被埋在一排排绵延无尽的仓库下面的话，从诸多临时的桥上望去，肯

定会看到更为令人愉悦的景色。"[4]

从广重绘制的《小纲町》、《铠之渡》以及北斋绘制的《富士山三十六景图: 江户日本桥》来看, 很显然, 从水上看去的仓库景象是个常见的绘画主题, 当时的人们已经将这类风景的美样式化了。

拥有着町家、公路、仓库和运河的江户水岸空间结构, 所有这些面向水路的陆上部分, 都延续到了明治时期; 诸多地区在1923年的关东大地震之前还保留这种面貌。可是为了给灾后重建筹集资金, 诸多运河沿岸原有的公共地产被卖给了私人。1923年之后, 这些泥灰仓库无法再把江户感觉传给现代城市了。水运依然活跃, 只不过沿岸建造的是一些混凝土仓库, 剩下的是一些老旧的砖石仓库。即使今天在入船町和小舟町行走, 我们仍能感受到旧日滨水仓库区的那种氛围。

滨水景观还毫不掩饰地展示了某个地区的商业潜能。例如, 当我们离开有着一排排批发仓库——"问屋"——的这一町人地的中心之后, 沿岸的仓库数量就开始渐次减少, 运河和岸线逐渐汇合, 最终敞开成为开阔的滨水空间。在那些风光明媚的地方, 我们或许还会见到某个门脸洞开的"茶屋"(译者注: 茶屋并不是做茶道的茶室, 而是茶馆)。或者, 我们还可以沿着能将东京中心跟千叶联系起来的跨区域物流干线江东小名木川向上航行。明治三十年前后(1890年)的那些绘画显示这一带曾是开阔的滨水空间, 一条沿河道路笔直地延伸出去, 周围除了等候轮渡的站点, 别无其他建筑。最后, 当我们穿过下町区进入城郊之后, 会发现河岸再也没有了石头护堤, 而是靠木桩加固或者仅仅保持着自然状态。沿途许多地方种植着樱花树。这样, 沿着运河和河道的地带就展示出非常成功的"水景手法", 它们完全遵从功能和土地使用模式。滨水景观也就真正为衡量从商贸配送到这类地区所特有的休闲活动, 提供了标尺。

如果我们是乘船沿着东京的运河出行的话，我们仍然会见到大量跟水上交通有关的各种"町工场"（译者注：当地的作坊）：不只是仓库，还有诸如材木屋、石屋、印刷间等。从隅田川向西，朝着神田川方向上行，就在"御茶水"的圣桥前，我们会在右首看到崖下一排排四五层的木构建筑。这里是加工石材的地方。石材厂面水的广告牌上宣传着他们能加工的大理石、大谷石等石材。广告牌很容易让我们想起早前神田川水运活动繁忙时代的情形。如今这里仍有很多做木材生意的厂家，它们不只出现在著名的深川木场周边地带，也出现在麻布与三田两丘之间的古川沿岸。最近，有家木材批发商就站出来反对征地要求，因为政府要在神田川上游的"饭田堀"段填河造地。沿着这些河道再往上溯，沿岸都是一些印刷厂和其他町工场。江户和东京的工业沿着城市水系发展的态势是十分自然的事情，由此带来的空间体验也生动而清晰。

还有许多跟运河和河道关系密切的知名厂家，在改换成现代外形之后，仍然维持着生产。还有许多和水运联系并不紧密的知名厂家也在某个特殊的地点，依靠水运经营自己的生意。一个典型的例子就是小纲町那些出产酱油的会社，比如龟甲万株式会社、日下田株式会社、宝酒造株式会社。酱油的产地在野田和铫子等地，然后批发商用船运至江户码头。从野田出发，满载酱油的驳船顺着江户川下行，大约5小时后抵达新川口。接着，要趁涨潮的机会通过"船堀"运河，沿着小名木川在万年桥进入隅田川，然后出中洲、箱崎抵达目的地，也就是小纲町码头。这段水路大约需要3个小时。[5]类似这样的城市结构持久得令人惊讶。从成田国际机场进入东京的门户，即箱崎城市机场的河对岸，就是行德市场，那是邻近小纲町最为重要的江户市场之一。即使是今天，人们要从千叶方向去往东京，还是要走同样的路线。

河岸与市场

对我来说，在观察河岸地带时最需注意的就是市场的选址。那些维系着江户这座大都市日常生活的市场也都是因水运需求而沿河建设的。幕府时代特许的农产品市场就是利用神田川的便利而设置的"神田青物市场"（译者注：青物即新鲜的果蔬）。这个市场位于筋违桥附近，也就是沿着中山道、奥山街道、日光街道进入江户的入口处。这个市场是整个地区水路交通的节点。明治之后，这个神田青物市场仍然作为中央市场发挥着作用。但是1923年大地震之后，就被迁到了北部秋叶原的新地点去了。

另一方面，鱼市也在很早的时候就开始沿着日本桥便利的河岸发展了起来。鱼市发展的主要动力来自渔民。德川家康把他们从关西的摄津带到了江户，这些渔民就在佃岛开始了新的生活。起初，渔民们只是在街上摆摊贩卖鱼类和贝类；之后，逐渐进入店铺。广重绘制的《日本桥雪晴》图就描绘了日本桥一带的河岸上那些鱼市里一排排密集的鱼铺（图45）。

日本桥一带的著名景点之一就是其周围繁盛的市场和喧闹的店铺。日本桥一直都是江户的中心，桥上过往的路人川流不息；桥下的地段对于江户市民们来说就像是一个广场。城市里多数街道都从桥头经过（桥诘），之后，这里就变成了人气旺盛的景点。相比之下，日本桥本身则是幕府与城市居民彼此交流意愿的地方；他们可以在日本桥上对话，而无需彼此见面。这样的广场性格跟中世纪欧洲的广场十分不同，欧洲的广场更像是城市自治政府的象征。

早在庆长十一年（1606年），也就是日本桥落成的2年后，在日本桥南端（南诘）西侧设置了一处政府的公告栏。在那里，政府会把律令和规定、告示张贴给百姓。时不时地反向的事情也会发生，百姓也会在公告上留言，严

[图45] 广重，《日本桥雪晴》

厉地批评政府。同时，日本桥东侧成了公开处决犯人的地方。

这个地方很容易让人想起威尼斯的圣马可广场，一处进入海上城邦国家水城的门户，一处可以公开绞死人的地方。每每在那些大理石双柱之间拉上一根绳子时，圣马可广场就成了处决犯人的法场。时至今日，真正的威尼斯人都害怕这个地方，尽量不在双柱之间行走。无论是威尼斯共和国的水城还是幕府的国都，这种将权力装置整合到城市的中心广场之中，试图控制市民稳定的日常生活状态的城市结构，的确是意味深长的。

日本桥的周围地带到处充满了居民生活的活力。我曾经有机会跟战前就十分活跃的插画家伊藤几久造（译者注：大正—昭和时期的插画家，1901~1985年）求教过1923年大地震之前还存在的日本桥鱼市周围的旧时光景。伊藤家那时就开着一家"潮待茶屋"，专门接待那些在市场上贮好货物后到茶馆休息等待涨潮返航的各地商人。在市场里和市场周围工作的人多在这一地带安了家；对于许多人来说，工作的地方也是家宅所在。这一地区从早到晚都人满为患。根据伊藤的说法，这个区域里几乎每天都会在某处举办开业庆典；每个夜晚，银座的"夜店"（译者注：露天的夜市摊位）都挤满了客人，这种习惯似乎跟过去那些宗教节庆的源头有关。当位于这一地区后侧的三越百货商店举办盛大的开业仪式时，这家百货商店很有心地特别邀请当地居民出席开业典礼，并分发"风吕敷"（译者注：包袱布）给他们作为纪念品。在当时，混杂着下町区式的怀旧与明治文明开放活力的日本桥，真是拥有了自己独特的城市生活魅力。

要想发现河岸市场内外发展起来的那些城市活动，再没有比从江户桥脚下开始这样的体验更为妥帖的了（图46、图47）。在明历大火之后，人们在这里开辟了兼具防火功能的宽阔的"广小路"。大熊喜邦（译者注：日本近代建筑家，1877~1952年）曾借助乡绅笔记与《狂歌江户名所图会》以及1816年前后的绘画，写了一部介绍性的著作。他的书为我们了解这一主题提供了翔实的资料。[6] 此外，吉原健一郎（译者注：日本近代史家、文化学家，1938~2012年）的《江户桥广小路一带旧记》则澄清了当地平民利用广小路和周围环境的情况。[7]

在水边则修建了那些大型的码头，从专门运输稻米的木更津码头，到木更津与房总半岛之间的摆渡客运码头。与中央市场有关的大型商社以及108家零售摊位沿着道路挤满了这一带。理发店以及作为平民休息场所的水茶屋为这一地带吸引来大量的人流。处在宽阔运河边上的大道上满是上桥下桥的行人，显然这里延续了市场的人气；于是逐渐形成了一处大众娱

［图46］［上］江户桥广小路［图片来源：《江户名所图会》］

［图47］［下］幕末的江户桥广小路复原图（来自波多野纯）

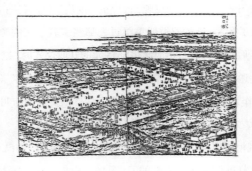

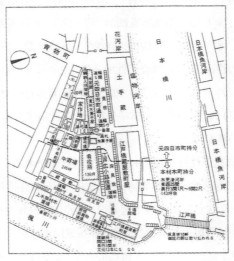

乐场所。

有意思的是，离开大道，沿着僻巷走进去，会看到一处说书场和几家射箭场。每个"场"就是芦苇席子围合的棚子，人们聚在棚子里寻求娱乐（江户的射箭场通常设在著名寺社区内或在某些大道旁，许多射箭场都会雇用年轻姑娘捡拾箭矢；这类射箭场通常也是无牌照经营的妓院）。沿着巷子往里走，通常会遇到稻荷狐仙神社。一到"初午"祭，这里就洋溢着节日的气氛。有一首专门挖苦从木更津下船的乡下人的讽刺诗，描述的正是沿江户桥大道——广小路——的这种繁盛的娱乐氛围："从木更津坐船来，他们没有晕，但是看到江户桥的人浪时，晕掉"。

就这样，日本桥和江户桥地区在日本桥川上那些大桥的脚下发展成为公共广场。这些地方的繁盛一直持续到了近代，特别是明治末到昭和初这段时间，近代的建筑与大桥使得这一地带呈现非常漂亮的景观。虽然今日粗壮的高架桥遮蔽了上空，沿水路行驶到这里还是会让人想起水陆交接所创造的美景。实际上，今天的日本桥已经是大地震之后重建的产物了。它的位置也因为要跟新建的昭和通对位，而朝西略微作了偏移。

水边的名所

如此看来，水岸边已经不仅仅是以市场为中心开展了各种经济活动，那里还孕育了各式各样承载着集会功能的场所。由此我们看到了人们通过多姿多彩的城市文化被联系在一起的愉悦。

现在让我们转换视点，去看看江户的"名所"在城市地形和城市结构内部分布的方式吧。在这方面，樋口忠彦的研究为我们提供了重要线索。樋口忠彦指出，我们所熟悉的江户和东京的地标都跟城市地形有关，因为它

[图48] 市之谷八幡神社 [图片来源:《江户名所图会》]

们不是建在"山边"就是"水边"。在山手地带,地标通常出现在武藏野台地的端头或是深处。在下町区,地标要么沿着东京湾形成,要么沿着隅田川形成。这些地标多是跟寺社有关发展起来的,也常常就处在寺社区里。[8]

地标的概念又是怎样跟寺社基地的真实结构吻合起来的呢? 这是因为在江户的山手地带,寺社都位于丘陵根部,身后多是繁茂的林地。图48所描绘的市之谷的八幡神社就是这样一个例子。神社的下部有条河,正前方的街上是一排排町家。要想去往该神社首先要穿过町家住宅,然后进入小山顶上的寺社区。这类情形就是桢文彦的所谓"奥性"空间结构的典型代表。[9]

不仅如此,在《江户名所图会》这幅画上,还有一处大棚剧场,就是位于神社区内用条旗装扮起来的"芝居"(译者注:舞台或演剧场所)。这类宗教性空间往往身处自然条件良好的地方,所以也就很容易成为人们欣赏四季变化的"名所";也因为常常举办节庆和临时性戏剧演出,这类地方也就成了百姓放松心情的公共广场。于是,像这样位于神社下方的町家住区很容易就发展成为繁荣的大众娱乐和商业中心。

今天,过去市之谷八幡神社周围明晰的环境已经完全变了样。除了宫濠几乎没变之外，神社前方也就是外濠通和靖国通交会的地方，交通量极大。原来的神社前区已经成了挤满西式办公楼的场所。不过，只要我们穿过这些办公楼进入后巷，就会发现原来的空间结构还在。就像江户时代那样，我们可以看到通往神社的各种不同路径：一条是沿着"男坂"的笔直且陡峭的台阶路；一条是沿着"女坂"的缓坡上山的曲径。在交通和建筑的拥挤嘈杂中，像这样能够保持清净的"神圣空间"为我们寻找江户原初的意象提供着重要线索。

另一方面在下町区，所有重要的寺社都位于朝向水岸突出的基地上，并且都有开阔的水体作为陪衬。在所有实例中，处在闹市的寺社都要跟城市街巷的世俗空间拉开一段距离；这样，它们才能把沿"参道"而来的行人吸引到位于深处的宗教性空间的寂静中去。正如广重在《品川洲崎》（图49）中强烈表现的样子。即使是远离大海位于内陆平坦地带的寺社也通常会挑出于大一点的人工挖掘的水面上，像上野不忍池的弁天神社或是根津权现神社那样，有一个池塘在身后作为背景。不管是何种情形，寺社的选址都朝向水体。

位于江东的深川地区为这种城市空间结构概念提供了两个生动的例子。一个是富冈八幡神社。这个神社所在的土地是幕府晚期人工填造出来的，神社也是以常见的方式背靠大海建造的（虽然今天很难再看到大海）。史料告诉我们，这座神社是1620年为保佑在隅田川河口东岸人造地上发展起来的一个村子而建造。根据天和年间（1680年代）的地图去判断，这片后来被当成是典型深川地区的大部分土地，在隅田川的南入江处，还处在水平面之下。但是富冈八幡神社已经出现在了这一地区一个猎户聚落所在的东—东南走向的沙洲端头上了（这下面现在通行着东西走向地铁线路）（图50）。并且在这里还能够发现巧妙利用水边自然环境所形成的象征性

［图49］［上］广重，品川洲崎

［图50］［下］天和年间的富冈八幡［*印，《深川区史》］

空间的构成。也就是说，将沙洲作为引道像栈桥一般设置成参道，从而使入江处宽阔的水面作为神社的背景。游移在洋溢着下町气氛的八幡神社内，从东侧后面绕过去的，还能够感受到残留的水面以及那些往日空间构成所营造的气氛。此外，即便是被水面和绿化所包围，当有演剧举行时，大门前依旧会成为市民欢愉会聚的繁盛场所。

从这处富冈八幡往东一直到底的海边处，元禄时期（1688~1704年）还有一处作为信仰对象的洲崎弁天（译者注：市集）。那沿着参道及海岸线基本东西向直线延伸，从陆地向海面突出设置的象征性空间的构成，简直无与伦比。从水面向四周眺望，东边房总山绵延，东北远处是筑波山，南边是羽田、铃森，西南面则可以远眺富士山。并且，此处春季干爽，夏可纳凉，秋可赏月，冬可踏雪，有着一年四季吸引游客的良好条件。加之对于江户町活力最具影响的宗教活动的开展，这里的市集常年兴盛不衰。这样，洲崎弁天、富冈八幡，与其门前的茶屋一并成为令人愉悦的深川的中心。

这类设置宗教设施的方法与欧洲城市正好相反。在欧洲，大教堂作为城市整体的宗教性中心是要令人难忘地设在公共广场的首要位置上。地方性教堂不只是一处宗教设施，还管辖着当地居民的户口和税收事务。处在广场一角的大教堂也常常就是城市居民日常生活的中心，它也承担着如今被市政厅和地方税务局承担的那些职能。这些大教堂跟周围环境的隔离只是厚厚的墙身与一道门，它们是在世俗城市街道中间创造的神圣空间。还有，行会和工匠组织通常也有自己供奉的圣僧，也是靠宗教纽带团结起来的。这样，宗教在欧洲城市社会的日常生活中扮演着极其重要的角色。

而在江户，既找不到欧洲城市里那些教区教堂的集中式设施，也找不到不可或缺的城市中心广场。几乎日本每家每户都设有佛坛，供奉着各路家神的神龛。在这个意义上，日本人的日常生活与宗教的关系显得较欧洲人更为密切，但是未必采用一种社会化的形式。个体和家族是供奉着自己的祖先的，每一家都为宗教要素提供着空间，但是这些活动似乎并没有与城市或区域意义上的贸易生产联系起来，或者与日常的社区感的建设联系起来。在幕府晚期的社会动荡中，那些诸如供奉着狐仙的大众崇拜场所被整合到了城市的日常生活中去了，恪守宗教的声音日益强大。但即使这样，宗教在日本从来都不像它在欧洲那样可以变成一种构建城市社会的中枢。

在江户，宗教性空间倾向于被置于城市外围或是商业、工业、居住空间的角地上。多数宗教性空间都远离市民的日常生活，设在精心挑选的具有神圣出世意味的地方。例如，宗教性空间可以藏在远离城市街巷的山里或水边。因为有着进入一处宗教性空间的参道和周围环境的庄严肃穆，参道和安静的环境也就具有了重要意义。通过这种方式，日本的宗教空间获得了一种非日常的神圣的仪式性。从日常生活空间到神圣空间的转换既体现于地理场景的真实配置，也体现于人们的思想意识之中。

以神田明神和山王权现（今天的日枝神社）的选址为例，这两个神社都举办旧日江户最大的祭祀——"天下祭"。神田明神神社最初位于靠近居城的神田桥附近。城市扩大后，它被迁到了骏河台，后于1616年，再迁到现在的位置——外濠北侧的汤岛。出光美术馆收藏的《江户名所图屏风》，描绘的是宽永时期（1624～1640年）的城市著名景点；上面绘有处在城市边缘地带的神田明神神社，画面充满着"芝居町"（译者注：剧场区）的节日气氛，因为在祭礼之后人们总要观看能戏的演出。另外一所神社，山王权现神社，最初是位于江户居城城内的。居城扩张后，神社就被迁到了半藏门之外城濠一侧的基地上，明历大火之后，再迁到现在这个靠近赤坂溜池的地方。在这两种情形中，神社都被置于小山的山顶，周围环绕着林地和水体——真是建造神社的理想条件。

这些神社构成了一种特殊城市空间结构的一部分：神田明神神社处在拥挤的江户市街的东北端，山王权现神社处在西南端；参拜这两座神社的祭祀者住在穿越市街中央的日本桥川的这一边或那一边。如果我们从江户居城的角度看过去的话，这两个神社的选址就有了跟宽永寺和增上寺相似的重要性。两座寺庙镇守的是居城东北区的"鬼门"。而神田明神和山王权现两个重要的神社则镇守于市街两端。在江户居城内是没有一座重要神社的；事实上，每一座位于城边的神社都以自己的祭礼闻名。

在这样的江户，在市街地的周边，与自然要素的融合成为了宗教空间的选择。也就是说，山手地带的武藏野高地的"森（绿化）"，与另一要素下町的海、河流的"水"明白无误地成为了神圣的场所，在那里出现了宗教空间。并且，正如樋口忠彦所言，那里的寺社成为了"山边"和"水边"的名所，进而神圣场所发展成为繁盛的所在。

综上所述，水体的存在并不仅仅与城市亚结构有关，还对城市各种神圣和世俗要素的组织具有极其重要的意义。

根据纲野善彦（译者注：中世纪日本史学家，1928~2004年）的研究，一直到中古时期还是漂泊匠人和艺人们聚会场所的诸如寺社门前、市场、河岸和桥头地带，才逐渐发展成为"神圣"场所。这是一个不受世俗关系约束的世界，是"与世无缘"的原则适用的地方。这些场所变成了对于里面的人提供"自由"和"庇护"的圣所。神林、神河、神海也都获得了某种圣地的性格。在幕府时期，这些场所在藩主或大名的控制下，被驱散或清除。但是它们仍然会以变体的形式存在于城市社会边缘繁盛的"游郭"（译者注：娱乐场）和"芝居小屋"（译者注：剧场街）周围。[10]

纲野善彦的说法不仅解释了"游郭"和剧场街的形成，还解释了城市整体的结构。

例如，这一学说解释了江户在山手地带或下町滨水地带的宗教空间的选址原因——那些地方都有着很容易辨识的在林地或水体与一处基地所具有的神圣性之间保持联系的特点。在日本，民俗学家们经常注意到，因为山水跟死亡或神灵之间的关联，山水便也具有了某种神圣的性格。那些想要逃避由世俗关系所带来的压抑感的城市街巷中的江户民众，会在城市外围寺社管辖的领地以及附近的娱乐场所找到释放的地方。因为这些场所都在寺社"奉行"（译者注：平安至江户时代，授予武家的官职名称之一，后通指"执行者"）的执掌之下，而不受城市长官的控制，寺社区内的规章制度无疑就比城市管辖区要宽松许多。

如果我们尝试在一张江户地图上标出诸如小剧场或神社剧场这类公共娱乐场所的地点的话，就会发现它们密集地会聚于某些香火旺盛的寺社区内以及寺社周围。在将町家住区和外围地区分隔开的台地端头，就集中着这么一组寺社娱乐设施，包括诸如神田明神神社、汤岛天神神社、宽永寺、赤城神社、市之谷八幡神社、日枝山王神社、芝神明神社、增上寺。而其他在宗教空间内部或是环绕宗教空间发展起来的剧场区，最初都是跟水的神圣意象有关，比如深川富冈八幡神社、回向院、浅草寺那里的情形。回向院是幕府早期建于两国桥东桥头的寺院，为的是超度那些在明历大火中丧生的人。浅草寺始建于公元7世纪，那时的浅草还是江户湾入江处一个偏远无名的村子。浅草寺的建立源自当地人对渔民打捞上来的一尊观音菩萨像的膜拜。这两处寺庙的出现都跟隅田川的水有着密切关系。

在这些寺社区内上演的戏剧表演都是由与寺庙有关的主办者推出的（主办者当中只有三家是受幕府直接指认的）。在举行祭礼或开光仪式时，人们往往会在寺社区里"开帐"演戏，剧场里上演的戏目明显是与寺社的祭献有关。

[图51] 江户后期（19世纪中叶）游兴空间分布图

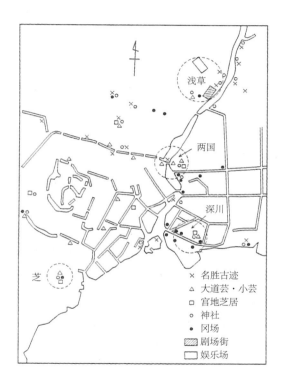

浅草

两国

深川

芝

× 名胜古迹
△ 大道芸·小芸
□ 宫地芝居
○ 神社
● 冈场
▨ 剧场街
▢ 娱乐场

"广小路"的娱乐场所

　　那些帐篷剧场和户外演出也多是沿着水边的宽街布置的。通常，这些宽街都会经过某些主要的桥下。正如纲野善彦所指出的，跟水体以及诸如河岸和桥有关的这类"无缘"的场所，看上去是由这些广小路的宽街桥头给继承下来了。在元禄十六年（1703年）那场大火之后，作为火除地（译者注：开阔的防火地带）出现的两国广小路生动地展示了这一发展过程。与之前看到的江户桥广小路不同，这条宽街的位置离开城市中心相当远。但是两国桥有着能跨越水上运输大动脉的地理优势。而且，两国桥还通向下总和武藏这两个州，它构成了把江东地区跟江户中心连接起来的外围交通路线上的一个重要节点。简言之，两国桥是江户的东入口。还有，为了适应隅田川在那一段的特别转弯，这条太鼓桥长达200多米，并提供了一处观看耸立在江户一排排街巷上方的富士山壮丽全景的视角。在这里，自然和城市抵达了和谐。

　　自18世纪中叶之后，这一水陆交通的交会地区就发展成了江户人气最旺的大众娱乐中心。在城市的政治、经济中枢部位或是已经被整合到城市系统内的町人地是没有这类自由空间的。当从日本桥开始的下町区的中心地带发展成为各种大型零售店铺和批发仓库林立的生意空间之后，娱乐空间就被逐渐向城市边缘地带驱赶。大众宗教场所，比如神田川北岸靠里面的浅草寺和隅田川东岸两国桥边的回向院，为这类中心的生长提供了适宜的条件。

　　因为浮世绘以及名所图经常会有描述广小路空间的绘画，我们也就可以从中感受到这些场所曾经拥有的活力（图52）。首先，在神田川河口的地方聚集着饭馆和水岸茶屋；在桥下广场上，我们会在沿着水边的地方看到一

排茶摊；而面向城市的方向上，是一个挨一个迷宫般的戏棚、上演净琉璃（译者注：日本民间曲艺，以室町幕府初期的唱源氏公子与净琉璃小姐的爱情故事而得名）人偶戏，以及其他类型演出的小剧场、说书摊。跟欧洲城市里公共广场那种纪念碑式的永久性形象完全不同，江户的"公共广场"都是靠临时剧场和其中以及周围人群的活力共同营造出来的临时性场所。

欧洲的公共广场是地方执政者依据某种规划在城市中心设置的。在江户，从一开始，它们的发展过程就十分不同。政府会在桥下和山脚创造开敞空间，为的是火灾避难。当地方民众给这些场所带来活力，赋予它们功能和意义之后，公共广场才得以形成。这样，在江户，人的活力在塑造这座城市的过程中就扮演了重要的角色。

接下来，让我们再看看两国广小路上的公共广场。在这里，开敞空间的尺度是重要的。一方面，桥下的广场朝向隅田川的水面敞开，借助开阔的远景形成流动的自由感；另一方面，在娱乐区空间，人的视线又被阻隔着。这样，这一地区就被组织成小尺度的空间单元，人流的拥挤创造了一种似乎充满了整个地区的活力。这种匠心独具的反差制造出空间的戏剧性变化。风来山人（平贺源内，译者注：江户时期的博物学家、兰学家和发明家，

1728～1780年）在《根奈志具佐》中极尽细腻地描绘的正是这种充满了自由氛围的"游兴空间"的样子。

到了夏季，去往大川游玩的纳凉船只为这一地区增添了生气。这种乘船出游纳凉的夏季娱乐活动始于每年5月28日的开川之日，作为江户一年一度的固定节日，两国焰火表演也在这时举行。各式各样的舟船——带顶的游船、屋根舟、猪牙舟以及驳船——几乎遮蔽了大河的整个水面。两国焰火表演曾在1962年被终止，直到1978年才又恢复起来。起码，在夏季的这个夜晚，水陆都再度上演着令江户之所以为江户的狂欢。

两国广小路成了一处颇受人们欢迎的可以享受河面习习凉风的娱乐场所。因为隅田川是江户和外围地区的分界线，两国的西侧被视为将军首都的辖地，那里上演的剧目也就格外规矩。一般而言，情色剧、因果剧、变戏法都倾向于集中在江户的河东岸。这一地区也以可以找到低价私娼，也就是俗称的"金猫""银猫"而著称。正因为隅田川有着这种划分城内城外的分界作用，位于河另一侧的东两国地区相对于西两国而言，就获得了跟异境相连的"阴暗"性格。[11]这个以大桥作为分界点的地区最终成为了不只在江户而是在整个日本都十分出名的第一个真正意义上的大众娱乐场所。

桥东、西两端的公共广场作为娱乐场所是自发形成的。在那里，以及其他近河、近桥地带，乃是早期现代江户流浪艺人们习惯选择的聚会地点，这也正是纲野所谓"无缘"原理驱动下的一种河岸与桥边原本该有的解放区，可以说被近世的江户原封不动地继承下来了。即使在幕府统治的时代，沿河地带以及非私人所有的广小路空间一直都是"无缘"原则适用的地区。

在欧洲，促使开放性广场成为公共空间的动力通常是其在城市中心发挥作用的事实。而在江户，正是水岸和桥下，特别是那些幕府拥有的场所，才能成为使人摆脱社会约束，容许各种大众性娱乐活动发生的场所。这种场所形成的逻辑是日本特有的。

通往江户两座主要桥梁的道路是典型的此类自由空间。也就是江户桥广小路；与江户桥广小路呈对角关系，穿过万世桥、筋违八交叉口的小路和采女原等地。在这些地方都能够看到江户主要桥边的那些原有共通的东西。

但是随着明治维新的到来，情形发生了彻底的改变。大约在明治六年（1873年），政府部门取缔了小屋裙戏棚和沿河的水茶屋。随着现代国家的发展，城市空间变成了政府管制的场所，这些江户特有的充满世俗活力、免于束缚的城市生活庇护所也就彻底消失了。

明治六年（1873年）大政官颁布的一项法令，将浅草寺、宽永寺、增上寺、深川八幡神社等地区，也就是江户庶民都非常喜欢的地块，划为现代公园用地。在这些地方，因为处在寺产区，江户庶民本可以在那里进行某些色情娱乐活动或者在花街上拈花惹草，从而逃脱他们制度化共同体的日常束缚。律令却将国家控制下的总体规划合法化，引导庶民彻底放纵的无政府感觉肯定是无法跟现代化的官方版本相调和的。于是，就出现了将这些空间纳入国家控制的做法。

城市的剧场空间

为了理解江户街巷的意义结构，让我们进一步探究城市的剧场空间。当城市市区发展和扩张之后，娱乐地段也会发生迁移，特别是当下町作为防火疏散用地的规划位置发生变化之后，"剧场空间"以及集会广场的场所就会出现重组。不过，在绝大多数情况下，这类空间总会出现在大桥的桥下。

像那些花柳街一样，江户的芝居小屋最初都是自发地沿着河岸分布的，这些地段也是繁忙的商业活动经常吸引来大量人流的地方。例如，在日本桥南侧，据说宽永元年（1624年）这里就首次出现歌舞伎表演了。这个芝居位于日本桥和京桥之间的中心町人区南侧。这里很快就发展为海上交通基地，篦子齿般的码头后面是这一地区诸多的木材批发市场。沿着水岸，剧场和花柳街一前一后地在这里发展起来。

那幅描绘了明历大火前江户市街的《江户名所图屏风》就详细捕捉到了这一地区的细节（图53）。这幅屏风画的前景生动展示了江户中桥的芝居町。除了重点表现两座女子歌舞伎的剧场之外，这幅屏风画还对一个挨着一个的射箭场、木偶剧场、杂耍剧场、充斥着妓女的浴室等加以精彩描绘。这类大众娱乐设施占据着被前方海湾和后边运河包围起来的开敞空间，一圈都是色茶屋，它们兼提供性服务。这些茶屋之类的建筑物建在海上或是运河上，展示出类似东南亚地区那些架起的干阑式住宅般奇妙的亲水性。在这些茶屋的下面，有舟船正开向剧场，也有舟船提供女陪共游。它们一只接一只地穿梭在水面上。

在早期现代日本城市里，这种"水"与游兴空间的根本联系在幕府初期就已清晰地展现出来了。守屋毅（译者注：日本历史学家，1943～1991年）对描绘江户妓院里各种娱乐的绘画分析揭示出它们的基本构成——水、舟、楼阁——这让他提出这种早期现代形式的组合表达着日本人奇幻的传统异境观。这种游兴世界的结构——奇幻的宇宙观——在《江户名所图屏风》中被直接整合到对江户中桥芝居町的描绘中了。[12]

江户发展起来之后，江户中桥南侧的娱乐区对这座城市的水上交通和经济发展变得越发重要起来。最后，周边地区的演出都被禁了；而江户的芝居小屋在明历大火之后开始向葺屋町、堺町的二丁町和木挽町集中，这些地

方成了唯一获得政府许可的剧场区。

另一方面，对于获得许可的妓院区，人们认为如果将它们散布在整个城市里就可能有伤风化。在元和年间（1615~1624年），获许可的妓院也都集中到了茸屋町，这个地段最后变成了有许可的吉原区。大火之后，幕府将之迁到了位于城市边缘的浅草田圃。从那时起，元吉原（先前的吉原）西侧的堺町、茸屋町就变成了作为剧场和娱乐场所的人气中心。

这一地区一直以来都是河运的中枢，因为它就处在流入东京湾的江户水系大动脉、日本桥川上游一点的地方。在靠近小纲町、堀江町、新材木町这些主要岸边仓储区的地方，新的娱乐区开始形成。它基本上涵盖了官方许可的所有剧场区。但是在剧场区结构的背后，我们可以清晰地看到它所继承的剧场空间形成和发展的机制——这类空间是由流浪艺人在沿河地带聚集而形成的。当演出与水边的市场和商业活动相结合的机制形成后，芝居小屋们就形成了剧场空间。

[图54] 堺町、葺屋町的剧场街 [图片来源：广重，《东京名所二丁町芝居之图》]

在那些发展起来的剧场区里，像中村座、村山座、都座这样的歌舞伎剧场一年到头都能靠着里面不绝于耳的鼓声吸引观众。到处都是芝居茶屋，边上就是俳优和雇员们的住所。从宽永（1622～1644年）到天保（1830～1855年），这一欢场繁荣了两百多年（图54）。

这类剧场区的形式是日本所特有的。在西方，文艺复兴之后，剧场开始取代市政厅和大教堂，变成城市中新的纪念性建筑。剧场通常面向公共广场，看上去气势恢宏，有着自身特有的象征性特质。剧场前的广场就是城市生活的场所，剧场本身则成为从视觉上将城市结构重组的核心要素。相比之下，江户的剧场区是与城市日常生活隔离开的，是围合起来的；它们是由集中在那里的无数芝居小屋形成的一个特殊地段。这也肯定解释了剧场所提供的那种独特的非日常的解放感。

这些城市结构上的差异是与从两种语境发展起来的戏剧以及剧场方式的差异有关的。虽然欧洲也有街头表演，比如"即兴喜剧"，剧场作为场所乃是宫廷文化进入市民社会的产物。然而在江户，戏剧并不是来自上层，而是来自底层。它们来自社会的最底层；再从那里，向一般大众传播。[13]

沿着江户的剧场街，并不会出现单个突兀且孤立的剧场。相反，它们跟

[图55]木挽町的剧场街［图片来源：《江户名所图会》］

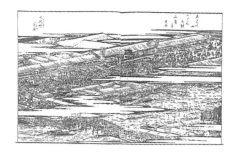

街道两侧那些开敞的一二层的芝居小屋融合在一起。这类剧场建筑的正面二层总是悬挂着巨大的广告牌，几乎大到可以把建筑本身隐藏起来。剧场和茶屋多会从一层上方的浅遮篷上悬下暖帘和提灯；同时，门前有无数幡帜在飘动。结果，尽管细部杂乱，剧场与周围环境却形成了神奇的一致性效果。这与欧洲剧场的布局方式截然不同，欧洲剧场的布置是要最大限度地利用透视法的。

这种利用临时性标识及设备创造节日氛围的做法在日本城市中一直延续到了今天。如今，与过去不同的是，人们已经不会去思考如何在这种借用中创造一个整体空间的和谐效果了；相反，人们把无数异质性要素就那么胡乱拼凑在一起，使得秩序美变得不再可能。

不管怎样，江户时代剧场街的形成，为如今的娱乐区提供了一种模本。它也正是新宿歌舞伎町、大阪道顿堀等地方的剧场、影院、饮食店、酒吧林立的街边，用它们特有的世俗欢愉氛围招揽顾客的原型。

除了堺町、茸屋町之外，还有一处被幕府认可的能提供主要表演娱乐的地区，那就是木挽町，那里跟水的关系甚至更为紧密。《江户名所图会》（图55）就对面向银座六丁目背后运河的这一地区做了精彩再现。在水边，我们会看到一排挂着提灯的开敞水茶屋,它们周围拥挤着大大小小的屋形船和猪牙舟。我们看到桥上的人流正在涌向剧场。涌动的人群或是由水上乘船而来,或是步行跨越大桥,进入幡帜云集、鼓声大作的"剧场街",喧闹的气氛令心情急切的游客兴致更浓。这里,几乎所有的人类感官——视觉、听觉、触觉、嗅觉——都在发挥作用。剧场空间作为民众会聚,寻求解放感的"非日常"虚幻场所,就这样跟水联系在一起,并且被节日般激情洋溢的气氛所包围。江户时期剧场街的这一性格在大阪的道顿堀娱乐中心一直被延续到了今天。那里,过去面向运河的芝居茶屋,现在成了面街的料理屋和饮食店;其中一家食铺的巨幅广告牌上,有只能左右摇晃钳子的螃蟹。

歌舞伎的繁荣史乃是一部从城市中心被驱逐的历史。天宝十三年(1842年),江户的剧场街最终被迁到了城市边缘,一侧是浅草寺区,另一侧则是水面。这个地方被叫作猿若町。这一地点边缘化的特点并不仅仅是地理意义上的远离,还指芝居之人被禁止混迹于普通市民中间;他们作为外人,要非常清晰地划在属于他们地位的区域里。

城郭也同样适于描绘明历大火之后被强迁到新吉原,最后发展为剧场区的有许可区域。除了正门之外,吉原町的周围环绕了一条壕沟。沟里的水是黑色的,据说,是丢在沟里的染牙染料弄黑的。这一区域与整个城市是隔离开的。江户的妓女们,连同俳优们,都被安置在一种被广末保称为"边界的恶所"的社会防疫区内。

这些"恶"空间,有着与一般大众的日常生活相去甚远的性格。不过,与此同时,它们是作为城市边缘的日常生活一部分而存在的。它们的"恶名"是隐喻性的:因为存在于边缘,它们被当成可以挣脱日常意识的公共空间,被视为是超越地位身份的逻辑和价值观的场所。江户人在他们的城市边缘地带拥有一处独特的"恶"空间，并从这里产生了这座城市许多的大众或平民文化。[14]

并且，正如广末指出的那样，这些"恶所"是跟神圣性有关的。歌舞伎表演者们经常塑造的就是在此世和彼世之间游荡的死鬼冤魂。妓女的生活实际上跟神社里的女祝或女巫相似。这类场所都可以被视为圣所，受制于社会性的"无缘"或"无主"原则。幕府时期的江户史不只讲述了这座城市发展与扩张的历史，也讲述了此类场所向边缘迁移的历史。

在城市扩大与发展的同时，作为摆脱了日常习惯束缚的公共空间，这类场所获得了更多激进的形式。城市居民们发现用于文化和游乐的空间同政治和经济中心分离开来，也同日常生活空间分离开来。它几乎完全在城市的边缘生长；在那里，由于跟自然的直接接触，也就创造出某种解放感。在欧洲，城市的中心区赋予城市一种向心性结构；而在幕府时代的日本，江户的活力中心在某种程度上跑到了外围，产生了某种离心化的城市结构。这反而塑造了江户城市活力的特殊形式。虽然从某些方面看，这是幕府城市制度的产物，但也可以说它是源自日本文化的本质特征，是对真实生活里日常性和非日常性的有效使用。

这种特性并非仅仅体现于周而复始的节日庆典，而是体现在地处"职·住"地区之外且已被整合到城市日常社会关系中的这种非日常性空间的持续存在。这样的特性一直延续到了现代东京。明治二年（1888年），有许可的根津游乐城被迁至深川之外的洲崎开阔的海边，理由是根津游乐城距离东京帝国大学太近，有伤风化。还有就是浅草的凌云阁，别称"十二层"——这是浅草的一栋砖结构建筑。1923年的关东大地震中，凌云阁坍塌，聚集在凌云阁周围的那些名义上叫作"酩酒屋"里的娼妓们都被铐上，关起来，送到了隅田川对岸的玉之井。在那里，她们的生意又繁荣了起来。

这类城市空间(也就是栗本慎一郎所谓的"阴暗的城市",以及海野弘所言的"地下世界")在任何时期都会在日本城市的边缘以集中的形式浮现出来;而一旦它们在边缘集中,就维系着它们强烈的"奥性"。[15]

于是,我们看到,江户市民时不时就会逃离他们管辖严格的封闭共同体,在一个他们以自由个体身份进入的无等级区域里放松自己。使之成为可能的原因在于,这些恶空间和避难所般的集会场所只是形成于城市的周边地带,它们在空间上被巧妙地同日常市民的生活相隔离。像这样与健全和日常的"被制度化的空间"相对地,在那些周边和背后被欲望所充斥的非日常的庆典"自由空间",它们所形成的独特城市结构,可以说直至今天都是日本城市的重要特征。并且,它们也正是日本城市充满活力的秘密所在。

在江户,这样的地段都在隅田川的上游;作为整体,城市的游兴空间都跟水有着紧密的联系。寻欢者从靠近柳桥的河岸茶屋乘坐猪牙舟出发,向上进入"大川"(隅田川),然后利用本所松浦邸的椎树或是幕府米仓前著名的"首尾松"作为地标,转舵驶向山谷堀(运河)的方向。当他们从隅田川内城川流不息的河道驶进运河时,寻欢者们的兴奋情绪已经达到了高潮(图56)。

不仅是吉原,随着天保改革,从浅草搬到猿若町的剧场街都是人们乘船出游的场所。有位在明治维新前,出生在医生、兰学者桂川家族、在筑地和铁炮洲长大的作家今泉峰(译者注:兰学家第七代桂川甫周之女)。从她在《萦绕之梦》回忆录中所描述的细节,我们可以了解到舟游芝居场所的情景:

"我还记得这些时日的欢乐,是的,如今想来仍像展开一幅美丽的画卷。曾经我是多么渴望舟游;之前的夜晚都难以入睡。(中略)不久,我们的仆人就准备好了舟游的必备,我们登上屋根船出发,驶向了浅草。如果同行的人很多,我

[图56] 新吉原附近的图 [图片来源：三谷一马《江户吉原图聚》]

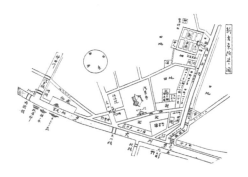

们就会采用更大的屋形船。从茶屋里——事先就会预订是哪家茶屋的——会有人来到码头上相迎。每个人都会拎着带有她们屋号印纹的提灯。'看见您真高兴！十分欢迎您'。她们永远都是那么客气地问候着，然后把我们从船上接到茶屋里。

这个芝与街叫作猿若町；在一丁目、二丁目、三丁目的戏屋里各自上演着所谓的'三芝居'。有时它们会同时开演，但是每家上演不同的剧目；如果一家上演《忠臣藏》，另一家就会上演《染久松》。街道两侧都是茶屋，它们的暖帘在面前垂下。呵！那些悬挂的提灯该有多美！从筑地登舟，前往那里去看戏，就是人们能够想到最美好的事情；就像是漂在空中。"

隅田川的水岸空间

"集会场"作为城市自由的"游兴空间"，在进入江户的后半期，慢慢地从芝向浅草、本所和深川方向进行了一次大迁移。这次迁移与有许可的游乐场和剧场街的更迭有关。更为重要的是，从前从城外流过的隅田川逐渐被整合到了城区范围之内。对于已经发展成为世界最大城市的江户居民们来说，有绿树浓荫的河畔以及有着开阔景色的隅田川沿岸是逃脱日常生活束缚的理想去处。

伴随着市街地区的扩大，这些活动场地也在蔓延，最终延伸到了隅田川的河对岸。当政者想要给民众的能量找到一个宣泄出口，就开始在远离建成区的地方建设庙宇神社，种植松树和樱花树，希望吸引民众到那里游玩。美貌的娼妓肯定也出现在这些地方，向路人暗送秋波，或拉衣拽袖。

在第八代将军（德川）吉宗幕府统治时期（1716～1745年），沿着飞鸟山和御殿山走向的隅田川河堤被改造成了江户公园。堤岸上种满了樱花树。虽说这个地方要变成江户市民喜欢的娱乐中心需要一些时日，但到了1810年代，它真的热闹起来了。沿河两岸，茶店和饮亭一个接一个开业了，专做前来行乐人群的生意。[16]

至此，我们已经快速地描述过了本所、过了两国桥之后的回向院附近的热闹场面。

而刚过永代桥的深川也是江户民众喜欢去的娱乐场所。人们喜欢这个地方，不只是因为它地处隅田川的远端，因此形成了跟城市不同的独立世界；还因为这里水路不通，可以提供给民众某种宽阔且自由的自然环境氛围。

最初，深川就是深川八幡神社附近的一个小渔村。它是靠神社庙产内的戏剧表演以及庙门前那些茶屋的生意养活的。后来，因为这里有获得许可的娱乐区而发展成为人气鼎盛的娱乐中心。

靠近隅田川的沿岸地带以及江东的水岸很容易唤起生活在拥挤城市里的人的行乐欲望。与此同时，它们也是促成寺社门前以及桥头的广小路发展为娱乐中心的催化剂。

当我们追溯江户游兴空间的发展历程时，也注意到了古往今来在其他城市的生长和发展中相似的过程。先是城市的草创期，有着大量建设活动。接着是城市里各种动力的形成期，这时，经济繁荣也抵达了高潮。然而，很快，城市生活就产生了社会性矛盾。人们对于生产性活动渐渐失去了兴趣；他们将兴趣点转向文化，或是在自然中寻求解脱。这似乎是人类为自身创造的城市文明不可避免的循环。

从本质上讲，意大利的文艺复兴就是一场凭借着中世纪城市市民社会和经济活动而得以繁荣的文化运动。威尼斯这座水城就是一个生动的例子。灿烂的文艺复兴和巴洛克威尼斯城市文化之所以可能，是因为这座城市中世纪时在与亚洲的贸易往来中积累了大量财富。威尼斯人喜欢看戏和听音乐，这显示了他们的品位，更不用说他们对于嘉年华和酒会的钟情。据说，威尼斯的妓女也是全世界最美的妓女。与此同时，这座城市的精英们为了寻找自然美，建造了许多乡村别墅。这样一来，威尼斯的城市文化——一种俘获了欧洲知识分子芳心的文化——就走向了成熟。

再往远了说，我们在罗马帝国时期也会发现同样的现象。当罗马人的控制遍及整个地中海地区之后，太平稳定的"罗马和平时期"开始，罗马文化走向成熟。在城市里，大众文化繁荣，形成了诸如公共浴场和角斗场这类娱乐形式；在海边或城郊，精英们建造了面向辽阔大自然的别墅。我们知道，特别是沿着那不勒斯明媚的海岸，到处都是可以看海的别墅。在和平和繁荣的年代，这类优美的开放式建筑总会登场亮相。

在江户，城区里到处都是水岸地带。像这样能带来解放感的滨水游兴空间是可以向全体市民开放的。虽然，大名屋敷垄断了资源丰富的滨水地带，将之划归为自己的起居空间。诸多大名屋敷都有洄游式的"潮入庭园"，一个著名的例子就是深川的"清澄庭园"。但是，风光明媚的滨水地带也遍布了各式各样的露天建筑，从最高档的餐馆到最大众化的水茶屋。因此，各

个阶层的市民都可以在这些游兴设施里共享快乐。面向大海或是河流的建筑似乎真的代表着和平和繁荣。随着所谓"德川和平"的到来，沿中桥水岸的芝居町发展出来的游兴空间，正如我们已经看到的那样，即将培育出一段尽管短暂但文化却十分繁荣的时代。[17]

有一幅精彩的画作，描绘了隅田川所聚集的各种人物活动，那就是广重的《东都名所永代桥全图》（图57）。画中的场景是从日本桥看向隅田川的情形，日本桥在画面左侧横跨水面。右上方是佃岛；左上方，在隅田川对岸，是深川地区。仔细看图，就会让我们对当时的城市景观有一个清晰的了解。

前景画的是江户町人区伸到海湾的地方。右下方，也就是日本桥川，在海湾和江户桥与日本桥的商业中枢之间起着最为重要的联系作用，我们沿着河岸会看到一溜白墙青瓦面向河道的仓库。在它们的后面是南新堀町。在画面中央的桥下，我们看到的是北新堀町［距桥最近的地方就是"船番所"（译者注：江户时代设于主要河岸港湾收取来往船只税金及检查的驿站）］。这两处展示出町人地区的日常忙碌。运河穿过这些下町普通居民区。运河上，我们也可以看到一些载满货物的小驳船。

离开佃岛一点点，就在隅田川中央，有许多大型帆船已经收了帆，抛锚在

134

河中（画面右侧）。在河道中央，一组货轮驶进了海湾，风帆正满。这里，我们得以窥视到江户这个巨大的消费型大都会的货物都是怎么运进来的。

跟商业世界形成了戏剧性反差的是出现在画面右侧的佃岛。天正年间（1573～1592年）来自摄津佃村的渔民集体迁居到此。跟深川的猎人町和渔师町一道，佃岛的存在，才促成了日本桥大鱼市，才维系了江户人厨房里的海鲜、河鲜供给。

在河对面，我们看到的是深川。它的发展比其他地区要迟缓。深川后来成了城市居民的游兴中心。在靠近大桥的岸边，有一排似乎一个连着一个的批发商仓库。在河口处，我们可以辨认出那些位于深川新地的开敞式茶屋。它们悬挑于水面之上，有着绝佳的景色可赏。画中的场景抓住了深川的精华。在大桥的西侧和南侧，我们可以辨认出许多屋形舟和小型屋根舟，它们聚拢在深川新地的尖角上，正要从满载货物的大型驳船的缝隙间穿过。这些舟船载着客人，沿着水岸，正在寻欢作乐。

我们可以看到，隅田川沿途的滨水空间汇聚了多种多样的城市生活，一侧是拥挤的"物流经济"，另一侧是拥挤的"游兴文化"。二者不止构建了适合自身需要的建筑物与设施，还发展出在大小和用途上有着神奇样式的舟船来，其结果就是结合了自然美和人工美的城市景观。在两个方向上的人的行为模式都是精致化的，甚至被提升到了独特文化的高度。

像广重的画这样，对那些复合性要素所形成的水景加以整体完美地构图，并作出说明性的表达是绝无仅有的。与今天水体遭受污染，进而，钢筋混凝土的防波堤将水面与河岸全然隔离不同。在这里，水岸空间洋溢着城市人群带来的欢愉气氛。

所谓时代的价值观总是最为敏感地反映在滨水地带，因为这里是各种活动集中的地方。实际上，在江户时期，城市滨水地带的土地使用是由各种形态的活动——产业、物流、居住、游兴的文化——组合起来，形成的一种完整和完美的循环。

　　自明治以降，隅田川以及东京湾沿岸日益有了为工业和经济增长而打造的工业带性格；当工厂和仓库在这里兴建起来之后，城市居民就被逐渐从滨水地带赶了出去。不过，今天，随着城市工业结构的转型，工厂正在以前所未有的速度被外迁，水岸地带的土地使用也就经历着剧烈的变化。这时，又有各种功能的建筑集中到了水边：从高层公寓楼、办公楼，到国际会展中心、滨水公园、文化设施。就像纽约苏荷区（SoHo）所发生的那样，艺术家们正在忙于老仓库改造。这为他们提供了低成本的大空间。老仓库可以变成画廊、剧场等。我们开始到处听到时髦的口号——"市中心复兴"。能够从新的视角去欣赏水岸的诸多设施是件好事；但我们必须当心，当巨大的集团建筑和高层公寓出现在这一地带时，百姓又被从水岸地带驱赶了出去。在这样的背景下，再度发掘和描述自江户以来沿东京水岸发展起来的大众活动的丰富性以及诸多空间的用途，或许可以丰富我们对于城市中心地带的认识。

　　若不是借助瑞士外交家艾梅·洪贝特的记录，或许我们都难以想象江户下町的魅力了。在描述隅田川沿河及其上游的景色时，洪贝特将他在江户的所见与美丽的水城威尼斯作了这样一番比较。

　　"江户所有的一切都展示出平和的和谐；人的行为，他们的脚步和声音，歌声与音乐，似乎在以梦一般的旋律弥散开来。这里看上去像是欧洲的哪里呢？只有'亚得里亚海的女王'威尼斯（校者注：威尼斯素有'亚得里亚海的女王'和'亚得里亚海的明珠'的美称）自己的水岸和广场，才跟这里相像。"[18]

　　流过下町、赋予了整个河谷盆地住居以生存资源的隅田川，才堪比穿越了威尼斯心脏的那条大运河；而能抵达下町任意角落的大运河则堪比威尼斯诸岛上的水网。在讨论水城江户时，长谷川尧（译者注：日本建筑史学家、评论家，1937~）在《都市走廊》中引用了洪贝特的记述。[19]他解释了明治时期妻木赖黄（译者注：日本第一代建筑师，政府的建筑师，1859~1916年）设计日本桥的意义。他认为，作为江户的主要河道，日本桥川可以被视作水上的香榭丽舍大街。

其他人会把下町的东京比作威尼斯。例如，在1920年代中期，西村真次（译者注：日本文化人类学的奠基人，考古学家、民俗学家和历史学家，1879~1943年）的《对江户深川情感的研究》也提到了这种可比性。西村开篇就援引了亚瑟·西蒙斯（译者注：英国诗人、文艺评论家，1865~1945年）的一段话：

"两边都是水，除了水什么都没有，水面在夜晚昏暗的光线下模糊地延伸着。起初，看不到前方有陆地的迹象。然后，出现了一条摇曳的线，黑黢黢的船，细细的桅杆，在天际线的映衬下浮现了出来；那像是一座岛屿的最初迹象。然后，线在变宽；灯光开始跳动，一个接着一个从黑暗中跳了出来；一座巨大的仓房亮得犹如一座火炉，它从水里就那么结实地冒了出来。我们来到了威尼斯。"[20]

对于西村来说，这段话同样适合于描述从隅田川到深川上永代桥的这段水路。从这种跟威尼斯的比较当中，西村发展了他对深川的研究。

西村研究的独创性在于他并没有研究整个下町，而是专注于像浮在潟湖上的威尼斯的深川。深川这个地方，东有中川，西有隅田川，面向东京湾，四周环水。它的确就是一座"水城"。因为跟水体的这些关系，深川拥有独特的地貌条件，这里的习俗也满是地方化的风味。

虽说西村的城市观是半个多世纪前的城市观，但它却显露了某种复杂的认识，至今仍有令人称奇的新意。西村将城市视为某种活体，他提出了深川人文地理上若干发展阶段的设定：（1）渔民町；（2）门前町；（3）商业地区；

（4）工业地区。他所关注的主要是从经济基础变化的角度，去看待这一地区的文化与精神的成长与成熟。西村对深川的物质增长和居民日常生活所作的分析，为我们提供了如何书写真实文化史的范例。

这类研究之所以是可能的，是因为滨水地带的物质环境提供了独特的地方化活动和文化。今天，河流或许已经被污染了，河道或许已经看不见了，或许都被当成是排水的问题。但正是河流，赋予了整个区域以形式。水上交通维系了经济，刺激了产业的落户。还有，因为河流常常会影响当地人的精神气质，滋养他们的感受力和创造力，河流也是创生城市文化的关键要素。这样，西村的研究已经走在今天那些思考的前面，包括如今人们对水体和滨水地带日益增强的意识。

近来，有一个很特别的交叉科学研究组织在法国东部山区的尚贝里小城开会，讨论的议题是水和城市对于人类心智现象的作用。他们所用的方法跨越了多个学科领域——文学、绘画、建筑、市政工程、精神分析——这次会议用多面体的方法，刻画了一个威尼斯浅浮雕般的剪影。[21]

近代的滨水空间

明治维新之后的东京史就是一部"水城"转变为"陆城"的历史。不过，这并不意味着水体所扮演的角色忽然之间就消失了。我们仍然有可能以水体作为向导，追踪城市演变的路径。的确，在解读东京作为一座现代城市的形成过程时，水仍是一个有效的关键词。

让我们首先看看在把江户打造成城市的过程中如此重要的剧场空间。随着天保改革的进行，幕府当政者把剧场街驱赶到了边缘地区的猿若町，将剧场表演限定在中村座、市村座、守田座这三大剧场中举行。明治五年

（1872年），剧场街失去了价值，守田座搬到了新富町。这是越来越多迁回城市中心的剧场的第一家。与此同时，对于帐篷剧场小屋裄和其他寺庙区里、广小路边演出场所的取缔，导致了娱乐演出方式的重要变化。当明治时期现代国家发展起来之后，娱乐已经丧失了它原本世俗的生命力。

在这样的发展历程中，直到太平洋战争爆发之前，浅草一直都是人气最旺的娱乐中心。明治六年（1873年），浅草寺庙产区（自德川时期以来一直都是人气极旺的游兴地带）被指定成为一处风格现代的城市公园，并且被划分为7块。（通往寺庙的商业街）仲见世属于二区；奥山（花屋敷）属于第五区；西南侧的沼泽地（日后被清理并转化成为游兴用地）属于第六区。浅草人气鼎盛的秘密无疑源自其景点和娱乐内容的多样——花屋敷、凌云阁（别称"十二层"）、全景馆，等等——它们都在当时引领文化时尚。但我们一定不能忽视"大池"（别名"瓢箪"）的存在。在诸多彩印画册和摄影集里都描绘得很清楚，浅草第六区的意象跟池袋大池的浪漫氛围有着密切的关系，那里种满了樱花树和柳树，到处都是茶屋和露天小店。这样，在江户时期的各种名所，在它大众娱乐的空间场所和现代文化新生事物当中，我们获知了浅草在平民中获得巨大欢迎的秘密（图58）。

到了明治末年，位于浅草南侧作为兴行街的第六区已经因其现代氛围而变成了甚至在东京都很出名的城市空间。在上野宽永寺与浅草寺之间东西相连的笔直广小路早就成了一条重要的动脉。它也是通往第六区的主道。在池袋大池的西南角上，大道来到了终点，道路分向许多方向，就像车轮上的辐条。在其中的一个锐角基地上，蠹立着圆筒体上履穹隆的戏馆。它创造了一种巴洛克式的城市空间，一种奇幻的视觉贯通效果。

向右看，往南走，我们就看到了道路两侧一个个带着尖塔、穹隆、拱窗的建筑物。对于它们那种充满活力、毫无禁忌的设计来说，我们或许应该使用"新巴洛克"这个称谓（图59）。这些建筑中的绝大多数都是电影院，而电影院是明治晚期开始流行的事物。它们都是以尽可能西洋式样的面目出现，好吸引人们的眼球。据说，这样奇幻的街景之所以成为可能，是因为电影院老板在参观了美国的世博会之后得出一个结论：吸引顾客的最快方式就是用建筑的外观勾起人们的好奇心。[22]

这一地区的建筑设计和街道空间结构都是完全西洋化的。但是如果我们看看这些建筑物的第一、二层的话，我们仍会看到舞动的幡帜和展示演员照片的广告牌——这些东西都是江户时代芝居小屋们用来强化节日氛围的手段。沿着这样的街道行走，人们就会发现，有着旧江户剧场街尺度和触感的熟悉环境也在现代城市里获得了发展。即使在笔直的街道上挤满了新巴拉洛克建筑，透视法也让它们彻底地隐退了。

即使是这一时期，瓢箪池仍是营造兴行街氛围不可或缺的要素。从巴洛克空间往北走，前方就是"十二层"。人的视野一下子在戏馆右侧打开了，那里呈现出完全出人意料的在眼前伸展的浪漫水岸空间。这里，水面的开阔再度扮演了一个重要角色，给人气鼎旺的娱乐场所提供了本质上的解放感。

当我们说起江户时期的兴行街时，我们即刻就会想到河岸和运河地带：比如隅田川河畔的两国地区以及浅草寺地区，日本桥川河畔的江户桥广小路。但是我们不该忘记另外一处稍微靠近内陆的地段，那就是上野山下（图60）。这一地区是沿着上野山地"绿"的背景发展起来的广小路。在它的西边有"不忍池"，"水"的元素在一处娱乐场所的成长过程中同样扮演着重要角色。众所周知，在不忍池的浪漫住区里，开了大量的邂逅茶屋，类似于今天男女幽会的爱情旅馆。这些邂逅茶屋围合出一个中心岛，里面供奉着弁才天神社，这座神社是效仿琵琶湖竹生岛上的神社建造的（弁才天神

［图58］［上］十二层与瓢箪池

　　　　［图片来源：石版，《浅草公园之景》，柏崎黑船馆藏］

［图59］［下］大正中期（1920年代）的六区兴行街

　　　　［图片来源：《街景　明治大正昭和》］

［图60］江户后期的上野山下［图片来源：《尾张屋版江户切绘图》］

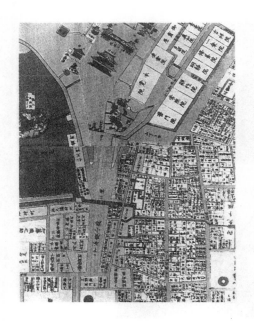

社也是日本五个著名弁天神社之一）。这也是此类场所特别喜欢的神社。[23]

水池所提供的，是充满浪漫情感的自由场合的理想地点。我们或许可以想象，水池是很用心地被整合到浅草第六区的新潮娱乐中心的设计中的。之后把池袋大池填埋的举动反映了从明治到大正，又从大正到昭和这几十年间第六区的面貌变化。水池的消失一定加剧了战后浅草作为一处娱乐中心的衰败。

自明治以降，那些能够作为东京名所或是花柳之地繁荣起来的绝大多数场所都是环绕江湖池沼发展起来的。山手的四谷荒木町就是典型实例。这个地点曾经是松平摄津守的府邸所在地。后来变成了狐狸野狗安家的旷野。明治十年（1877年），当芝居小屋出现在这里以后，环绕着水池，这一地区发展成为热闹的服务于军人和学生的花柳场所。虽然水池已经被填得所剩无几，通往原来水池的石头台阶仍然精确地保留着迷宫般的路径，这也是它在明治时期的情形。留下的那片小水池，仍然供奉着弁天神社。边上的一片比周围矮些的区域，有着杯子底部的形状。幽会用的精致建筑以及日式料亭沿着周围的坡地形成了一级一级的台地。从洞口挂着的帘子背后传出三味线的乐声，让人想起旧日欢场的风情。这样的地方在如今的东京已经是难得一见了。

新宿的十二社自从江户时代以来就被认为是郊外名所之一。在面向水池的缓坡地上，也有一处获得许可的欢场。虽然水池本身已被填满，沿岸的银杏树却仍保留着往昔的记忆。在新宿站西门外的那组超高层建筑群背后，仍然保留着尺度相当细腻的传统料亭街。这两者之间的强烈反差为我们提供了今天超大都会东京的一个侧面。

诸多明治时期建起来的剧场都被放到了水边。例如，中洲就是沿着隅田川的中段伸展的。在江户时期，中洲作为水岸娱乐中心繁荣过一段时间，但

[图61] 明治三十年（1897年）前后的中洲 [图片来源：《新撰东京名所图会》]

是在天保改革时被拆除了。从那时起到明治中叶，这里不过是一处被废弃的荒岛。明治二十六年（1893年）的大火之后，当真砂座剧场在这里建起来之后，这个荒岛又有了生命。正如《新撰东京名所图会》（约1898年）所显示的那样，这一地区的水上交通一直都很繁忙，来往舟船众多。在中洲岛的中央，清晰可见的是一栋和风样式、挂满幡帜的剧场。跟这样的江户剧场街很相配，沿着河岸有一溜茶屋和料亭。一张1923年关东大地震之后拍摄的照片显示，江户时期的石头护墙还完好无损，水岸面貌几乎没变。而如今，经过了伊势湾台风后，在冷酷如"刀锋般"的水泥堤墙后面，只剩下一家饭店；到处是一派荒凉景象。

《新撰东京名所图会》还展示了在中洲对岸、原大名屋敷的基地上矗立起来的浅野水泥厂，从烟囱里冒出的黑烟弥漫在天空中（图61）。自明治三十年（1897年）起，靠近深川的近岸地带就已被填埋，工厂的烟囱开始在这里出现。除了浅野水泥厂之外，隅田川河畔也成了东京纺织厂、石川岛播磨重工等工厂的家；沿运河往西的地方，很早就出现了花王肥皂厂。于是，隅田川和东京湾沿岸的水体都被污染了，江户的浪漫情调逐渐消失。在所有场所之中，水岸地带是最能反映出工业革命穿越城市的步伐的。

随着铁路的发展，东京才转变成为一座"陆的东京"，即便铁路最初也是跟水有关的。正如我们所见到的那样，江户城市内部的交通网络都是沿着运河组织起来的；陆地和水面在岸线处相遇。货物也集中在那里，水岸建有仓库和批发市场。亦即，人与物都是流向岸线的。因此，可以理解，铁路发展的早期，每一个重要的车站——新桥、两国、饭田町等——都是沿着水岸设置的。铁轨就这么一直铺到旧街市的运河前。这样的系统有些像欧洲的终点站，都是尽端式的铺设方法。而今天的"通过式"系统，就是火车只是路过车站的做法，最早是在大阪采用的，后来才被引入东京。

东京第一个真正意义上的站前广场——万世桥站，也设置在神田川重要的水岸地带（仿佛正是为了唤起人们的回忆，如今的交通博物馆就设在这里）。在江户时期，这个地区是以筋违八交叉口广小路出名的，并在明治维新后持续繁荣。在20世纪开始后不久，终点在饭田町的甲武铁道（今天中央线的前身）沿着外濠（神田川）的南岸向东延伸。万世桥站是于明治四十五年（1912年）作为一个车站开始运营的，车站是一栋灿烂的砖构建筑，站前广场也同时铺砌完成。在广场的中央，立着一尊铜像，纪念日俄战争中死去的"军神"广濑中佐（广濑武夫，1868～1904年）。这处真正意义上的城市广场很快就成了新东京的名所。

那么，在明治维新之后，江户下町桥头发展出来的颇受市民们欢迎的广场空间，又发生了哪些变化呢？随着明治以降、开化与文明时代的到来，这些场所远非发生了衰退，而是变得在功能和形象上愈发重要起来。明治政府前所未有地在意其对外形象，开始拆除沿着两国广小路和其他桥路两侧的小屋裓、水茶屋，而这些地段都是江户人所创造的，里面充盈着放荡不羁的能量。在这些地方，随后添建的都是旨在维系现代国家制度的高大建筑；它们就像新东京的象征那样，热切采纳着最新潮、最流行的设计，打造着自己。文明开化时代真的就在水岸桥头,沿着江户城最外面的这副脸孔开始呈现。正是在这些地方,文明开化时代带来了最为剧烈的变化。

在锦画上经常出现的作为文明开化象征的第一国立银行就建在东京水系中枢——海运桥的桥下。在此桥东侧一角,是德川早期的御舟手奉行向井将监的府邸。从这里也可以监视沿日本桥川往来的船只。因此,这个地点在水城的水系中扮演着关键性的角色。

起初,该银行大楼是作为三井组这些从江户时代就很富有的富商们的交易总部而建的。之后三井组被整合到国家银行体系之中,这栋大楼亦于明治五年(1872年)作为第一国立银行开业。该建筑的设计师是清水喜助(译者注:清水建设的创始人,1783~1859年)。底下两层是西洋式,上面则是一栋和风的居城;这种象征式的叠加是和洋折中的典型实例,也是早期明治建筑的典型做法。这栋建筑被推崇为一座高大的纪念碑,堪比欧洲任何骄傲的文明国家的建筑。正如小林清亲(译者注:明治时代的版画家、浮世绘画师,1847~1915年)的锦画所准确表达的那样,这栋建筑即便是跟当时仍然保持着江户浪漫情调的空间相融合,也会在桥头处显得十分突兀(图62)。

桥头附近的空间,因为有着往来的人流和开阔的视野,会吸引人们的目光。因此,桥头附近也是为新时代设置宏大的标志性建筑偏爱选择的地点。在江户时期,这些地方都充满了活力;但在视觉上,那里都是町家住宅、商铺、茶屋、戏棚这类单一的矮房子。这些建筑是不会在天际线上作出强调的。而新的桥头建筑的设计立意却恰在于此,它们都变成了城市新的名所。

然而,在明治初年,桥头附近的空间还没有彻底转型。这些纪念性建筑的出现醒目但是欢乐,它们傲立于周围的建筑之间。的确,这些洋风纪念性

建筑会显得更为突出，因为它们是建在江户文脉之中的。这些纪念性建筑所处的环境并不像它们在西欧城市里那样，直接面向公共的广场。

距离第一国立银行不远，在铠桥边上，矗立着新政府御用商社岛田组的总部大楼。这栋建筑物后来成了东京证券交易所。它是一栋围合起来的建筑，这是明治早期建筑里的另外一种类型。

竣工于明治七年（1874年）的宿舍是一栋划时代的建筑。大楼的设计者是林忠恕（译者注：明治时期拟洋风建筑的技师，1835～1893年）。它是建在了之前江户鱼市会所的仓储建筑场地上的。如我们所见到的那样，多数政府建筑和公共性建筑都是建在过去大名屋敷旧址上的。像所有府邸一样，这类建筑往往设有围墙，进入要通过门岗。但是站递寮是东京第一栋真正具有城市性的建筑物。它直接面街，没有后退，形成了一个城市街区。这栋建筑地处繁忙的江户桥头，而江户桥也是江户时代的交通节点。在站递寮的边上，就是银座的"炼瓦街"（译者注：炼瓦即砖造；银座炼瓦街是大火之后为防火而改进的建造模式）；那里乃是文明开化的橱窗。洋风的站递寮一定很吸引路人的注意力，作为新东京的名所之一，它经常出现在那些锦画上。

从海运桥下的第一国立银行开始，新式的商业建筑就一个接一个在江户桥和铠桥附近，在兜町、南茅场町、坂本町地带冒了出来。这一地区成了日本的第一个商务区，并在明治早期的日本经济中占据了核心地位。支撑这一地位的是它在城市水运交通体系中的中枢位置。还有，这里拥有之前大名屋敷的旧址，因此也正是新时代的诸多新功能建筑所需要的场地。[24]

涩泽荣一（译者注：江户末期到大正初期的官僚和实业家，创立了国立第一银行以及东京证券交易所，被誉为"日本资本主义之父"，1840～1931年）作为在创建这一地区时发挥过重要作用的企业家，曾在兜町边缘以威

尼斯哥特风的式样建造他自己的豪宅。那栋豪宅就在第一国立银行身后，向日本桥川上挑出（图63）。这栋豪宅有些像威尼斯的交易所，有着优雅的拱，向天空耸立，并在河面投下美丽的倒影。

然而，在明治时期，商务区里的建筑，不管是在设计上还是在城市空间的构成上，除了折中式之外别无它样。纯正的现代城市空间最先将在日本桥川上游也就是日本桥头附近出现。明治四十四年（1911年），旧的日本桥被建筑师妻木赖黄设计的靓丽飞拱石桥所取代。与此同时，就像是作为回应，一群式样优美的建筑物出现在了石桥附近。它们就是村井银行[明治四十三年（1910年），变成东海银行]、帝国制麻公司大楼[这是辰野金吾（译者注：日本第一代建筑师，1854~1919年）于大正元年（1912年）设计的，如今成了大荣大楼]、国分商店[大正四年（1915年）]、野村大楼[昭和四年（1929年）]。因为砖石构造所具有的恒久感，这些建筑的高度和体量为东京创造出第一个对外部空间进行了充分利用的公共广场。这里，我们首次见到了从江户式广场，也就是由临时性建筑组成、由各种会聚其中的人的活动所界定的空间，向着那种仿佛是从实体建筑的墙体身上挖出来的

[图64] 大正初期（1910年代）的日本桥头 [图片来源：《街景　明治大正昭和》]

西洋式广场的转变。日本桥引领了东京城市空间始于大正末年至昭和初年（1920年代）的根本性变化的方式（图64），并且在震后重建时期为城市赋予了明确无误的形式。

大正十二年（1923年）的关东大地震粉碎了东京水岸所有江户浪漫情调的痕迹。那些有着多层意义的城市空间和娱乐中心也开始急剧衰落。

不过，在另一方面，从大正末年到昭和初年，对于水岸空间产生了另一层意义上的重新认识。也就是说，在欧洲城市思想的鼓舞下，东京水岸开始以创造新型城市美的舞台吸引人们的注意力。富于魅力的城市空间最初无一例外都出现在滨水地带。像隅田公园的滨水林荫道，始于御茶水圣桥的一组现代式大桥以及桥边设置的公共广场；特别是数寄屋桥的桥头广场，边上出现了一圈现代建筑以及日本剧场。在桥边和水岸设置重点建筑成了东京现代城市景观的一大特色。这里，我们同样可以辨认出在美化城市这件事上的清晰连续性。

关于现代主义时期东京的水岸空间，我们将在第四章详细论述。

第三章 近代城市的修辞

引子

　　本书的前两章解释了江户山手地带和下町地区的基本形成过程。本章将转向近代东京空间布局中所采用的独特造型手法。这里，我关注的重点仍然在于追溯历史过程，最终澄清当代城市轮廓的形成机制。

　　从明治时期开始，东京就在以欧洲城市为模本塑造自己。但是我们不应认为异国文化是可以系统化地输入并且是可以被全盘接受的。通过效仿式的试错和通常会导向某种巧妙的日本化的解读和再解读过程，西方城市规划方法和建筑设计原理被逐渐整合到了江户牢固打造起来的文脉之中，产生了东京的城市景观和空间。因此，要想理解当代东京的产生，我们必须抓住江户的基本格局，然后去研究明治以降在现代城市里细化出来的城市构成机制。我希望用这种方式来具体阐明江户和东京城市空间的基本特征。

城市的尺度感

　　形成我们对一座城市印象的最首要因素就是该城市空间所创造出来的尺度感。江户—东京的尺度感是以下述两种方式与西方城市尺度感形成对照的。

　　首先，就是城市的广度。江户—东京地处武藏野台地俯瞰着东京湾的端头，它是在与宏大的自然环境的相对关系中发展起来的。这里地形的微起伏、水面、植被、土地利用以及耕作方式，所有这些因素汇集在一起，产生了一种和谐美的构成。从古代起，日本人就把他们的山峦尊为神灵附着的载体。耸立在远方的富士山和筑波山在城市居民的意识里始终保持着作为地理导向以及象征意义载体的强势存在。

　　在西欧则不是这样。那里，一幅描绘城市的鸟瞰图或许会显示周围的山

[图65] 广重，骏河町

峦，但是一旦视点是在城市内部去看城市空间时，就很少会把山体包括在内，特别是作为象征对象包括在内。一旦身处城墙之内，人的周围环绕的就是跟自然切断的人造城市空间；人造建筑物创造了那里的城市美。而在日本城市当中，城市内部和外部辽阔的自然景观通常是密切互动、紧密相连的。就像在广重的《名所江户百景》中所描绘的那样，富士山提升了诸多江户街景。例如，广重对日本桥、樱田门、回向院以及町人常去的最繁华的骏河町的描绘中，我们都会注意到富士山就耸立在背景处（图65）。而明治维新之后，在开化文明时代的高潮，三代广重用同样的构图方法重绘了一遍这些名所。不过这时，在富士山的位置统领着画面的则是三井组和洋折中式的大楼。

桐敷真次郎曾经在东京准确的地图上复原过旧地图。经过分析，他提出了一个有趣的观点：日本桥的本町划分是考虑过怎样完美对位，才能更好地观看富士山的。以同样的方式，恰好处于日本桥和京桥之间的通町也是朝向筑波山而建的。

任何时代的城市规划都需要一个起点。当规划师把城市划分成区块时，他们总要为这些分区的朝向寻找某种基础。在京都和奈良这类以古代条坊制为基础形成的城市里，分区都遵循着两条原则——首先，是南北和东西方向的坐标轴；其次，是对应于阴阳学里的四神相应。但在江户，尽管它有着网格状的分区，下町（晚开发的江东地区除外）的划分却既偏离南北轴线也偏离东西轴线。

一个可能的解释就在于江户居城所建的土地原地形。多条河流过去曾沿着城市北边神田山脚蜿蜒流入江户港（也就是今天的东京湾）的旧石神井川。有理由相信，这些河流中的许多中小河流都被整合到伊势町（东堀留和西堀留）的运河体系当中去了。这里的运河体系也是江户最重要的物流中心。本町周围的土地最初被划成跟这些运河完美对位的事实意味着江户城市规划的第一原则就是顺应地势。[1]

当地块划分能产生将城市街道对着富士山的象征性形构时，那些经过规划的江户之所就如同鬼迷心窍一般获得了双重价值。来自土地等高线的物理的规定性和给我们带来幸福感的城市象征意象，这两种要素融合在一起，决定了下町的地块划分。

这样，在江户的组织构思中就包含了一种既能与直接的地形环境有关，又能与更为广阔的自然环境有关的尺度。"远景"也就被当成一些具有决定性的要素。例如，在那些再现城市的全景画中，富士山和筑波山通常都被以

夸张的形式描绘出来，仿佛是扣在周边环境上似的。反过来，如果我们爬上凌驾于山下下町街巷之上的武藏野台地，俯瞰散布的山头或海洋般青瓦屋顶之外的寺社绿地时，我们就会眺望到东京湾的潮起潮落。在今天的东京有8处可以观潮的山头，它们自江户时代起就被称作"潮见坂"（图66）。[2]

虽说江户町作为整体体现着这种壮美的尺度感，但它的内部空间，也就是居民日常生活的地方，却受制于完全不同的原则。江户的城市空间是个被划分为多层次单元的网络。那些单元的尺度更为精细、近人，跟城市市民的日常生活休戚相关。这样细腻的空间布局是十分必要的，这首先是出于作为将军的城下町江户的防御"制度"的考虑。

整个城市空间的划分既有功能性也有视觉考虑；在这方面，发挥着作用的不只是环绕居城的几道同心壕沟，还包括那些旨在切断交通的（36处）直角转角呈锯齿形错位的矩形地块。除了其战略功能之外，这一城市体系向城市里的全体住区施加了区分且独立生活的原则。在不同的城市区域创造出明显有区别的生活方式来。这在下町区是完全成立的事情；特别是在三角洲上为防御建造起来的运河和壕沟形成的众多岛状地块。这些岛很容易让人想起"水城"威尼斯。在那里，每一个岛的空间自主性都创造出一个生活圈和人际关系的单元体。[3]即使达不到那种程度，江户下町的那些岛也非常相似。即使城市空间是按照网格体系规划的，但各单元却不是完全一样的单调连续体；相反，空间是一个岛一个岛配置的，每个岛都有着自身的性格。

此外，在江户，各町之间是彼此相隔的，每个町都有自己的高大木门。就像广重的画所显示的那样（见图65），即使是在城市笔直的大道上看过去，视线通常也会被诸多木门所遮挡，而一道道木门就像是分隔空间的装置。往两侧看时，无数招牌，还有那些火警瞭望塔以及街边的临时理发摊也会阻挡视线。江户的街道，就连那些主街，也从来都没有试图获得某种类似欧洲城市耀武扬威的通衢大道般的通景效果，比如巴洛克时期的罗马大道，或是巴黎的香榭丽舍大街。江户的木门（以及日本其他居城的木门）都要在夜间关闭，这就可以对町人实施严格的管制。但是木门也保证了秩序，街道特别地安全。显然，木门是幕府政权封建秩序建设的有机组成，但是它们也在一个包围起来的地段内创造了某种空间统一性，将每个町的居民聚合为一个一致性的社会组织。

不仅江户的那些通衢大道被一道道木门切成一段一段；在如此创造出来的街区里，有许多窄巷，每条窄巷边上有无数里长屋（译者注：无法面对街

[图67] 里巷的入口 [图片来源：《浮世床》，吉田幸一藏]

道的长屋），为町人提供日常生活的空间。在这些后街的深处，人们经常会看到里面供奉着狐仙的稻荷神社。这类神社不仅为居民提供着精神寄托，也防止了巷弄因为缺乏采光和通风而变得不卫生。[4]即使在城市中心的建成区里，设计也展示出桢文彦所说的"奥"的敏感性来。这是那些木文化圈的城市所特有的东西，在欧洲城市中则很难看到，因为欧洲城市共享隔墙的石构建筑所形成的街道是"硬"街道。

江户巷子里的长屋居民可以是木匠、泥瓦匠、鱼贩、小商贩、医生、相师，以及教书法的老师；明治维新之后，新的城市居住者——诸如工厂的工人和低薪的白领——也在里巷内安了家。在里巷入口处，会设一道木栅栏，清晰地标示出主街（公共空间）同里巷（半公共空间）之间的空间界线。在人们经常出入的里巷入口处，会有专做后巷生意的店家设置的招牌和看板（图67）。在里巷内，不仅房东和房客之间形成了某种信任关系，就是房客们之间也尽量友好相处。

于是，不像在欧洲那样，总有一个大尺度的公共广场作为城市统一性和自主性的中心；江户由普通市民组成的城市社会中，到处散布着微小的里巷内开敞空间。在江户，正是在这样的微小空间中，形成了某种程度上的自治；正是这些里巷，为社会稳定打下了基础。在欧洲和日本之间作一个简单的比较，我们就会看到两种"理性化类型"：一种是"广场社会"，另一种是"横丁（译者注：从主街横向进入的次巷道）社会"。前者是围绕社会中心单质地组织起来的，而后者的稳定性则有赖于无数共同体在社会末端上的团结。这两种社会所依赖的具有较大反差的组织原则也反映在了它们的城市形态上。

这些面向里巷的空间，连同下町典型的生活方式，如今仍然在东京的某些地区存在着。例如，沿着下谷—根岸表通道的台东区旧奥州里街道；只要走到主街的背后，我们就可以看见那些仍然保持着江户和明治时期味道的里巷和长屋。

历史学家们曾指出，江户中心下町的里巷空间是十分局促的；破破烂烂的出租屋拥挤在面阔不足三尺的里巷内，里面的人几乎看不到天空。但是在距离城市中心稍远的今日下谷—根岸的里巷内，情形却相当不同。[5]这一地区的町家和长屋的始建时间都可以追溯到江户时期，里巷和长屋之间的关系几乎也没有发生太大的改变。

这一地区的多数里巷今天都有十尺（3米）宽，到处点缀着花草绿植。[6]随着时间的流逝，长屋也有了更为便利且宜居的空间和尺度。明治时期仍算常态的单层房屋，到了大正中期（1910年代末期）就被有着更好起居空间的二层楼所取代。关东大地震后，随着城市供水供气管线的延伸，人们也就无需再把厨房临向里巷；厨房被有着漂亮格子拉门的入口门厅所取代。通过维系里巷空间同时改善长屋的功能，人们是可以在人口稠密的下町为日常生活营造一种相当高品质的环境的。东京的这些后街有个很准确的绰号叫作"欢乐的横丁"，它们成功地维系了在里巷尽端围绕稻荷神社形成的强烈社区感。

这些里巷保证了安全和高度宜居的空间质量, 因为这里不仅机动车进不来, 就是大城市常见的犯罪现象也无法滋生。任何一个角落都被打扫得非常干净, 没有垃圾, 并且装点着植物; 里巷居民不遗余力地围护他们公共的生活环境。行走在只有本巷居民出入的后街, 家庭主妇外出购物时完全不用担心会遇到穿行的车辆; 而真正尽享便利的或许是儿童, 他们可以把巷弄之间各种形状的空间真正转化为自己的游戏场地。这里是安全、舒适的生活场所, 一种在充斥了安全问题的西方城市里不可想象的环境。

李御宁(译者注: 韩国文艺评论家, 首任文化部长, 1933年～)曾经在《日本人的缩小意识》一书中指出, 日本人喜欢将一切事物微型化, 在微缩尺度的对象中发现美。[7]的确, 从紧凑致密的空间里寻找舒适感是日本人的天性。正因为里巷空间正是被微缩到了"近人"的日本城市尺度, 才使得生活在其中的人可以感受到安全和舒适。

西欧城市通常是被那些原本为了走马车的笔直大道所贯通的, 而江户的城市空间则是为了水路和步行交通而设计。虽然也对某些陆路交通, 比如牛车运输, 有所依赖; 但总体而言, 进出江户的货运有赖于水上运输。因此, 城市设计是从一种流速相对低缓的角度去构思的。这一事实, 以及对精细划分空间的偏好, 源自一种在小细节上既洗练又敏感的城市设计模式。出于这样的原因, 日本町家的外部通常都比国外住宅的室内更为精致和洗练。

因为有着这种精致纤巧的空间格局, 我们在观察江户时会如此看重在这座城市里的"近景"也就不足为奇了。江户的城市建造存在着双重结构: 一方面, 城市在一个宏大尺度上是被当成一个整体去构思的; 另一方面, 日常生活的处理却相当细致, 更关注细部。在江户, "远景"和"近景"都需要我们给予足够的重视。

如今的东京已经失去了它从江户那里继承下来的诸多远景，主要原因在于空气污染和城市中遍布的摩天大楼。富士山和东京湾的潮很早之前就已经从城市景致中消失了。即使是东京塔这么一个现代化的地标，也变得只能在少数地点才能被看到。与此同时，当小汽车交通取代步行变为城市交通的主要方式之后，人们也就丧失了在城市街道上步行的机会。结果，建筑也就不再考虑那些精致的细部，转而越来越重视张扬和靓丽。没有了远景和中景，东京就变成了一座只有中景、千篇一律且没有复杂性的城市。或许，这就是东京以及其他日本城市已经变得如此乏味的原因。

于是，我们就不得不面对一个问题：原本有着独特尺度感的东京为什么就在明治之后变得到处都充斥着欧式建筑？

森鸥外（译者注：日本明治、大正时期的小说家、评论家、翻译家以及陆军军医，1862~1922年）的《舞姬》中有段话，说的是主人公太田丰太郎在抵达柏林之后，站在菩提树下林荫道上的感受。批评家前田爱（译者注：日本国学家、文艺评论家，1931~1987年）在分析一个日本人最初接触到巴洛克城市空间景观所经历的文化震惊时，也转引了这段话。[8]森鸥外笔下的日本并没有这类林荫道，也没有为了制造这种通透景观效果而设计的纪念性空间。作为开化文明时代的橱窗，以伦敦摄政街为模本的银座炼瓦街给日本带来了城市空间的新意识，就像同时代诸多锦画所验证的那样。但是，即便是银座的街道也没有真正实现原本想要的巴洛克景观效果。例如，那些种在硬质铺地和人行道之间的樱花树和松树，不管它们起到了别的什么作用，它们伸展出来的枝干就让严格的欧洲景观效果不可能实现。加上不同业主随意改造了那些建筑，很快，它们的外观就显现出混乱的变异，进一步破坏掉了秩序化城市街道的形象。

不过，现代东京的城市改造一直在急速进行着。首先，作为努力将近世城下町改造成一座更具功能性、更加现代的首都的一部分，原本回路弯曲的多层次性让位于旨在保证城市内外交通畅行的新路网体系。在明治中期，主要街道都按照据说是受到奥斯曼巴黎规划影响的官方"市区改造"计划做了修建和拓宽。这些计划为东京的主路引入了一种新的尺度感，强烈地改变了城市外貌。

永井荷风（译者注：日本小说家，1879~1959年）曾哀叹这种市区改造所带来的破坏，并调查过老城里仍然保留的生活痕迹。他把他的《日和下驮》当成了对现代东京独特文化的批判。对东京主路上的繁忙建设和破坏感到不满和厌恶，永井荷风反而更喜欢隐藏在新建筑阴影里的下町里巷。正是在这些地方，他说，"贫民从古到今都是这么住的……蜗居的空与隐居的平和弥漫在空气中"。荷风认为，后街的生活不仅仅是"一个自在的世界，跟争强好胜的城市没有关联"，这里还是"一种小说般的世界，能在身处生活无法形容的悲哀的我们心中，唤起深刻的滑稽感"。这是那种具有魅力的微观世界，是富于生活情感的空间，"它平实的居家情感和生活方式体现在了里巷的每一个物体上——格子拉门、地沟盖板、晾衣露台、木质大门、栅栏顶上的钉刺。我们必须承认，后街构成了一种超越了混乱与秩序的艺术化的和谐世界"。

荷风如此赞赏的后街空间在关东大地震之前就是绝大多数普通下町人家的真实情况。根据东京灾后复兴区划调整之前的地图来看，在主路的背后遍布着一套维系江户基本城市组织的后街网络。

但在执政者的眼里，这些里巷代表着卫生风险和火灾可能，它们不过就是一些前近代遗存，应该被清除。于是，震后的区划调整不仅旨在拓宽旧街、铺设新路，还要拆除长屋，清理掉它们所在的里巷。这项计划首先遭到

[图68] 内务省宣传区划调整必要性的海报

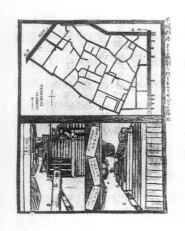

里巷居民的坚决抵制。内务省的复兴局就绘制了一系列宣传画,强调后街的不卫生和危险条件,说明区划调整的迫切性(图68)。政府需要费尽气力的这种行为本身就足以说明下町人跟后巷的感情之深,因为那里一直都是他们真正的家。

最终,政府的努力成功了,区划调整在地震重创的诸多地段得以实施。整齐划分的城市街区出现了,同时出现的还有那些拓宽了的主街以及里巷在数量上的锐减。然而,对于"奥"空间的清除迫使那些原本只存在于后街的日常生活景象与气息外化到了下町的主路上。沿着下町主街出现的晾晒的衣服和盆栽植物开始限定着独特的下町风情。这样,区划调整又带来了主街的私人化和里巷化,抑或是仿佛看到了私人化所带来的有趣光景。在那里，洋溢着一派下町的生活气息。

新里巷的地下街

借鉴了欧洲规划设计模式的市区改造和区划调整创造了许多宽阔笔直的大道。但是问题依然存在——这些壮观的通衢大道怎样才能给那些仍然拥有传统空间感受的现代日本人带来愉悦感呢？它们似乎并没有带来愉悦感。在西方，挤满办公楼、商铺、饭店、公寓的城市街道和广场变成了市民们愿意会聚的活动中心；但是在日本不是这样。这里因为地价的猛涨，所有主要城市的主街，特别是东京的主街，蜕变成了专门服务于商务活动的空间，剥夺了人们休闲的场所。反倒是后街，容纳着热闹嘈杂的人群及其休闲活动。这在今天的日本城市中的确是奇特却又常见的现象。

例如，大阪引以为傲的御堂筋林荫道就是20世纪初由进步市长关一引入并实施的近代城市规划引以为傲的杰作。那条林荫道两侧装点着树木和最好的现代化办公楼，几乎会让我们以为自己是来到了欧洲的城市。但是实际情况是大阪并不只有这一条街，绝大多数城市活动都集中在了心斋桥筋一带。那是一条位于御堂筋东侧的狭窄后街，它自德川时期起就是大阪最为繁荣的商业街和购物区。这两条街道彼此平行，一起构成了大阪城市的核心。这一现象并不只是大阪独有，在其他现代日本城市里也很典型。

在近现代，随着城市活动的飞跃式发展，人们不再满足于将活动仅仅局限在诸如江户城市这类精细划分的空间里了。然而又不可能把城市里的每一项人类活动都交给那些专门为盛大公共集会设置的空间。城市空间必须要跟我们的身体感觉密切相连地配置。或许，这就是银座后街近些年吸引了如此之多的关注的原因所在。据说，东京正在经历一段经济缓慢增长的时期。即便如此，城市改造还在持续进行着，一个接一个地从城市中清除掉那些所谓不整和不雅的要素。清理掉城市中所有不希望存在的空间（我们或许可以称它为城市的内脏），并不是件小事；因为与这些地方密切相连的就是深埋在潜意识里的人类欲望。这些通常处在摩天楼包围之中的空间，当夜幕降临时，就会苏醒。例如在银座，在昭和通以西的八丁就有55条这样的"里巷"。[9]虽然主要林荫道上满是摩天大楼，但大楼之间的空间里却遍布一条条里巷，边上酒吧和饭馆林立。在这种小汽车开不进来的地方，人们才可以真正拥有回到家般的感受。

近来，我们看到这些地方在青年人当中也颇受欢迎，比如原宿的表参道、涩谷的公园通。但真正火的商店、咖啡馆、餐馆却是开在原宿那些封闭狭窄的后街上，比如竹下通、阿佐谷的集市街这些地方（图69、图70）。

与此同时，现代城市无情地生长着，冷冰冰的旧城改造计划一个接一个地出笼。常常是一个街区只盖一栋巨大的建筑，场地上就不再留有缝隙，更不会有后街了。"城市"一词原本指的是那些带有前店的町家构成的街道。这种前店后宅的模式创造出来的是一种混杂但却一体化的空间。在城市改造的过程中，取代前店后宅的首先是商业大楼，然后就是典雅的办公楼。这样一来除了地下，也就不再给城市里的亲民要素——诸如商店、饮食店以及其他低端业态——留有空间了。的确，"地下街"作为日本特有的流行现象，所提供的正是城市表面和城市幽深处之间清晰的功能划分。

这种对功能性和效率无度追求的扭曲的城市文明综合征，最为清晰地体现在如今主宰着我们生活的"汽车优先"原则中；这也象征着人性要素在城市里的退场。然而，从一个极其不同的角度看，我们或许可以把地下街解读为平衡人类行为知性和感性两方面的机制。在最现代化的城市中心地带，在城市的腹地，潜藏着这些肠子般的地下街。当地面上的商业空间总处在

严格理性的控制下时，地下街却与我们所谓的生活的本质发生着关联。尽管在发生灾难时地下街会十分危险，但是地下街变得很流行，数量在持续增长。它们吸引人的地方在于它们给人们提供了可以安全游走的空间，没有小汽车的闯入，而且它们狭小如"迷宫"般的空间尤其契合日本人的感受。

今天，我们很有必要从身体的角度重新思考城市规划的逻辑。简单地看一下现代日本历史就会明白，把西欧人那种艺术化布局的广场和林荫道概念简单地移植到日本土壤，并没有创造出有趣且充满活力的空间。反而是在那些混杂、喧闹、尺度宜人的"町"的小空间里，在那些人的感觉而不是通透景观发挥作用的地方，我们才能发现属于日本人独有的城市空间。我以为，让我们的城市再度变得有魅力的最佳方式就是重塑这类要么已经在现代城市改造中丢失，要么正逐渐被驱赶到地下的空间。只有如此才能把生命力带回城市表层。毕竟，正是这类近人尺度的空间，让城市变得亲切，受到居民的喜爱。在我看来这才是赋予城市魅力的终极手段。

天际线与塔状建筑

对于日本和欧洲城市的比较经常会提及它们与自然关系上的差异，这种差异常常成为人们议论的话题。当人们追踪从江户到东京的变化轨迹时，仍然要去关注城市跟自然环境的关系。

在欧洲，想要单凭人力建造一座城市的意志力非常强大。城墙所清晰分隔开的不只是城市和乡村，也包括城市和自然环境。在自然之外的有限空间里，人造的砖石城市出现了。特别是像街道和广场这类公共空间，都是人类的创造物：完全人工铺砌的场所里不见了土地的踪影，更别提植被了。这一过程在罗马"西班牙大台阶"的建设过程中表现得尤为明显。根据古代版画看，最初这个地方还是一片普通的土坡地，算是城市里一处宁静的自然景物。18世纪初，当巴洛克城市建设期快结束时，罗马在这个地方建起了造型优美、完全人工化的大台阶。这里，我们看到了那种在塑造城市的过程中，鼓励人类参与，甚至不为未修剪过的树木保留空间的本质上的欧洲思维方式的体现。这种思维方式似乎在说，如果没有人的介入，就不会有城市美。我们在那些贵族府邸背后逻辑化、几何化构建的花园中，可以体察到这一思想；那里充盈着人类想要征服自然而不是像日本那样倾向于与自然敏感互动的强烈愿望。

[图71] 典型的西欧城市斯特拉斯堡（1653年）

　　今天欧洲城市的旅游线路里大多只包含那些人造物，比如大教堂、美术馆、大大小小的广场。毕竟是城市打造了欧洲文化。欧洲市民，特别是浸淫在两千多年历史中的意大利人，骨子里都是城市人。即使他们试图摆脱城市生活的束缚，到海边或山庄去度假，他们也很快就会觉得缺了点儿什么，会怀念城市里的喧嚣。

　　在西欧城市中央，公共"广场"刚开始出现时，就有诸如大教堂的尖"塔"或是市政厅的"穹隆"这类塔式构筑物在广场上作为视觉中心耸立着，像是城市生活一体化的象征。它们阐明了向心型城市结构的原则。这类空间的等级也直接反映在清晰限定的"天际线"上。在欧洲，城市是作为独立人造物而存在的。对于城郊高速路上的旅行者们来说，一座城市从远处望去，总会有塔楼从房子和城墙的天际线上高耸出来，仿佛是在告诉他们，马上就到达终点了。城市的身份本身是与其天际线相连的。现代欧洲城市的空间感也一定滋生于这种方式；实际上，今天的欧洲人仍然看重天际线在城市设计中所扮演的角色。同这一城市建设原则密不可分的是欧洲人特有的理性、逻辑的思维方式。

　　但是必须加以说明的是，即使在这类砖石建造的城市里很少保留绿色植被，却仍然保证了与城外自然的互动。因为欧洲城市起初都很小，城墙外就是大量可供观赏的植被。需要观赏大自然的话，随时都可以做到。

相比之下，日本城市是与自然共存的。绝大多数日本聚落和城市都生长于山边或盆地，就像置身于大自然的怀抱中那样。因其城市骨架是依赖于大自然形成的，城市景观本身就变得跟大尺度的地形特征诸如山形水脉密切地联系在一起。

与此同时，许多自然地点——池沼、堤崖、绿带——都在城市当中得以保留；日本人似乎从未想过要花人力改造它们。相反，这类地点之所以会成为画家们喜欢描绘的对象，恰恰是因为它们的自然感。如果我们追溯东京景观史的话，我们很少会遇到那种认为城市美可以排除自然，只包含人工物的观点。

的确，我们也很少会在日本城市里看到作为象征物而建的巨大人造物。在西方，塔楼显然是跟某种宗教的世界观以及有关天国的理念有关；塔楼高耸，具有了象征性和精神性价值。正如玛格达·雷韦斯–亚历山大（Magda Revesz-Alexander）（译者注：荷兰文学家，1885~1972年）的名著《塔的思想》所指出的那样，西方人对于塔楼的倾心似乎可以追溯到圣经故事中的巴别塔。[10]

而另一方面，日本的神被认为可以住在任何地方，可以在里巷深处、房子里、树丛中，或深山里；日本几乎没有建过塔式建筑物。寺院里的宝塔，比如东京上野的宽永寺和芝的增上寺，都是建在山头或山边，即便它们明显承载着某些宗教意义，却多半隐蔽在树后。在居城城郭那里，角楼通常是作为统领着町人的军事和政治权力象征高耸入云的。但是这些角楼传递着跟欧洲城墙角楼绝然不同的意义。比如，它们通常被城濠与植被所环绕，巧妙地跟周围自然地形结合在一起。江户居城就是一个很好的例子。最初被建的时候，这座居城无疑是幕府将军骁勇精神的象征，并且作为城市一景，是城市居民的一座地标。但是当巨大的角楼在明历大火中被烧毁后，并没有被重建。到了那时，居城的角楼已经失去了军事意义，作为城下町的江户已经转变为一座散发着庶民活力的巨大城市。

在一张绘制于江户晚期的绘画般的地图上，我们看到了几处作为城市地标的显眼建筑。或许在江户，唯一的竖向要素就是火警瞭望台。它们不只建在町人区，也建在大名屋敷的地段。在提及明治十年（1870年代晚期）的东京景观时，爱德华·莫尔斯（Edward S. Morse）（译者注：美国动物学家、东方学家，1838~1925年）写道："从某些高处看东京……会看到一片屋顶的海洋"。[11]人们可以想象，在这样一座缺乏竖向要素的城市里，起主导作用的都是些一两层高的町家和里巷内长屋的水平线。

这样的町家住区里挤满了一排排长屋，屋面相连，以平面的方式铺展开去。并且，正如我们已经说过的，用这般细微的尺度分隔空间的做法，是跟日本人的空间意识相对应的。如果没有欧洲那种高耸入云的公共"纪念碑"，而想让城市以自身的方式创造出具有西欧风情的"天际线"，这首先是没有可能的。江户街巷的魅力完全在于人在地面上步行，以"虫眼视角"获得最初的体验。

江户肯定缺乏某种明显的视觉中心。但是，武藏野台地高低起伏的地景和林冠线却成为城市居民的有效地标。建在风景优美的绿色山峦上的旧寺庙和神社，通常获得了四季的"名所"的地位，吸引着大量人流。通过逐渐形成各种名所，比如宽永寺、汤岛天神、爱宕山、增上寺，以及周围山峦上的寺庙，这座城市定义出自己的意象（图72）。对于江户的步行者们来说，还是很容易知晓他们身处何地，该朝哪个方向走的。江户并非难以认路的城市。在欧洲，如果不是围绕塔楼和直街把每一个空间都组织起来的话，就

[图72] 江户后期的爱宕山 [图片来源：《江户名所图会》]

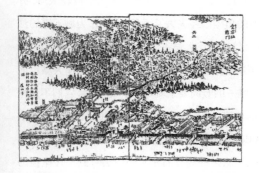

会令人迷失。相比之下，日本人则喜欢根据某种清晰界定但未必一定是可见的意义结构去安排他们的城市。这种偏好就体现在江户晚期、明治初期所流行的所谓"名所双六"棋背后的思想上。在棋盘上，整个城市被当成了一个统一的宇宙，名所被象征意义的线串联起来。

在江户，取代了欧洲风格天际线的东西是城市轮廓所创造的和谐美。而城市的轮廓线又是受到诸如地形、植被、土地使用模式等各种因素影响的产物。这里发挥作用的是一种类似于造景的造城概念。像富士山和筑波山这样的远山既获得了象征意义，也作为地标被整合到了城市当中。因此，江户全景风景图上通常会包括富士山，这就创造了跟欧洲城市相当不同的城市意象。

江户城没有一种空间上的中心，不像西方城市那样，总有一个主广场作为向心结构的焦点。江户反倒是具有某种离心结构，周围那些地标与象征意义的致密延长线相连。也就是说，以地标为构想进行街巷规划的想法已经成为一种常识。并且，正如我们已经说到的那样，在城市背后耸立着的富士山和筑波山所具有的象征性意义，已经被城市的景观构图吸收到其地标设定之中了。正如城市"全景图"经常描绘的那样，富士山总是不可或缺的。在欧洲和日本的空间体验中，可以感受到完全不同的城市面貌。江户的街巷没有像西方城市那样通过作为中心空间的广场形成"向心结构"，反倒是因周边地标的存在，在相互间紧绷的关系中获得了"离心结构"。

因此，两者之间在空间体验上存在着本质区别。当西方人从他们狭窄的街道涌向中央广场时，可能会感到某种雀跃的解放感。在广场上，在为市民服务的总是开放、热闹的"客厅"里，真正创造出中心感的东西不仅仅是市政厅或大教堂的象征性塔楼，还有周围建筑墙面不间断的连续性。

与此相对的是，江户空间里完全不同的运行机制。

荷风把《日和下驮》中题为"富士眺望"的最后一章专门献给从江户城眺望远山之美。荷风指出，（葛饰）北斋（译者注：日本江户时代的浮世绘大家，1760～1849年）的《富士三十六景》中有十多处江户城内的地点，它们之所以能成为名所，就是因为远眺富士的效果。这些地点包括了佃岛、深川万年桥、本所竖川、千住、目黑、神田骏河台、日本桥上、骏河町越后屋店头、浅草本愿寺、品川御殿山。江户城的格局产生着一种不同的解放感——人们要穿过熙熙攘攘的城市街道，才能抵达山顶或停在桥头、河边、运河旁；这时，包括了远处富士山的辽阔全景就会突然在眼前展开。

我们一定要在近世的城市文脉中，或者更确切地说，在江户居民自身对于这座城市的认知中，理解文明开化时期的城市建设。正如前田爱指出的那样，在这一时期，东京最醒目的特征就是那些"塔楼"的出现。[12]原本平坦的瓦屋顶城市景观一夜之间被各处冒出来的塔楼所取代。政府、大学、学校建筑、"劝工场"（译者注：专门展示和销售"文明开化"商品的设施，图73）、町家边上的仓库，甚至连妓院都开始在它们的屋顶加盖塔楼，仿佛人们刚从前现代时期的建筑法规中解除了禁忌似的，忽然意识到向空中建

[图73] 带有塔楼的劝工场 [图片来源：《新撰东京名所图会》]

塔楼不仅是个新生事物，还是一种紧跟时代的行为。

日本人正是在这一时期开始初次接触欧洲的城市和建筑，他们一定是经历了不小的文化震惊（culture shock）。所以不难想象，当日本人初次看到欧洲城市中心那些作为标志物的高耸穹隆和尖塔时的感受。那些壮美的剪影以及向上升起的天际线一定曾捕获了明治人的心，让他们在穹隆和尖塔上看到了自己文明开化的理想。

他们开始接受了一种完全陌生的文化，把西欧城市当成范本。东京的现代化进程沿着所谓逻辑的轨道在前进。这一过程始于某种相对简单的模仿或学习，从"局部"到"整体"，对于西欧城市设计和建筑原理逐渐加深理解与认识。随着经济的增长，人们的社会总体意识发生了改变，变得更加成熟之后，现代化更为关注的是整体。模仿首先发生在对建筑细部的模仿上，接着是对整栋建筑形式的模仿，然后是对建筑在一块基地上的布局以及建筑之间的关系的模仿，最后是对城市空间本身的模仿——通过模仿维度的加深和拓宽，东京的景观和空间结构缓慢且逐渐地发生了变化。

那种在明治时期展现的有节制的内发式变化跟其他亚洲或阿拉伯城市作为殖民地被迫经历的西化或是现代化形成了鲜明的对照。这些殖民地城市往往会清晰地区分出两种相异的街区，用于本地人居住的传统街区或民族聚居地，以及为西方人居住的现代街区，彼此的反差就像"黑"与"白"的关系。而在东京，异质文化要素积极地融合在一起，创造出诸多带有色调的中间色的混合体。

无论如何，要想把整座城市一次性地全盘西化并不那么容易。相反，东京的现代化始于单个建筑，而始终维系着旧江户的骨骼和文脉（在这类模式之中也有例外，诸如银座的炼瓦街就是由外国建筑师完全按照西式风格设计的；但即使在这种情况下，设计的实现也需要某种程度的日本化转化）。换言之，格式塔心理学所言的"底"保持不变，而"图"则相当自由地体现着个人意志。这样看来，塔楼恰好是文明开化的象征；它从仍然充满活力的旧江户城市文脉中生长出来，变成了醒目的地标。

特别是建于明治初年（1868年）专为外国人住宿的筑地宾馆以及三井组总部大楼（之后的第一国立银行），这两座建筑都变成了东京具有代表性的地标。只是在明治时期的东京，在这种特殊的空间和时间架构中，具有如此独特外形的建筑物才能出现。

此外，还必须注意到这些博得人气的地标以及文明开化的各式建筑中的大多数都是建在旧的江户港口处，都是水上的单层建筑。大多数建于现代时期开始时的西式建筑都是建在靠近水岸、沿运河旁或处在隅田川河口的大名屋敷景色优美的旧址上的。在人口密集的下町，唯有这些地方才有足够大的空间；于是，它们就成了新式建筑物可以吸引更多注意力的地方。当江户的城市经济增长之后，它的水系和河岸空间开始繁荣，并且容纳了大量不同的经营业态，从商业、物流设施，到茶屋、料亭，以及其他利用场地景致的游兴建筑。筑地宾馆的设计就直接整合进了茶屋的传统建筑骨架，这栋带有骑楼的殖民地风格的两层建筑充分利用了面前筑地湾的景色。

另一个代表性地标建筑——三井组总部大楼在主要物流动脉的日本桥川的铠桥桥头处从水面上升起。在江户时期初年，这一转角基地曾被御舟手奉行向井将监的府邸所占据。这里，正好监视着河上往来的船只。因为靠近桥头的地点都曾是江户最为活跃的地点，城市生活集中在那里，这类地点也就成为建造现代塔楼最理想的基地。

正如初田亨（译者注：日本建筑史学家，1947年~）所指出的那样，这些建筑的设计原创性产生了真正非凡的建筑。[13] 那些看上去像是西方建筑原理象征的高耸塔楼，实际上是和洋折中的建筑，它们所强调的东西，如果有的话，就是日本居城角楼的意象。诸多这一时期的建筑佳作反映出新旧价值观混合所产生的多样性要求。对于西洋建筑的渴望预示着某种不情愿的共存，就是人们还不太希望放弃对于居城建筑作为稳定社会地位象征的信任。

于是，那些作为文明开化象征并且是那个时代所特有的新地标建筑在东京出现了。与此同时，它们改变着人们的城市观景方式。

快速浏览江户时期绘制的名所图会和浮世绘，就会明白那种对于"景"的巧妙把控乃是日本人特有的才能。想一想建筑物在这些地图和锦画上所扮演的角色。很少会有哪个特殊建筑被拎出来作为充满象征的物体。通常

是一堆建筑被置于周围自然与人工要素混合的复杂环境之中，这些要素可以是城市街区里的运河、海湾的水面、山、树丛以及城郊地区远山的山脊。通过对于整体景观中各种要素的熟练控制，创造出统一的世界，建筑物只是和谐整体的一部分，它们并不具有现代意义上的署名权或是建筑师的名号。相比之下，许多明治时期的名所图会则会把荣耀赋予那些象征开化文明时代的大型建筑。公共建筑、学校，以及其他世俗建筑成了名所，煽动着人们对于开化文明标志的热情。现代建筑取代了寺庙、神社、水边和岸边的娱乐场所，变成了地标（图74）。建筑本身变成了大众喜爱的对象以及视觉再现中的重要主题。

　　然而，这种景观的转变对于建筑建造的传统意识而言是否意味着放弃呢。从一个更大的历史视角看，始于明治时期的城市景观的转变预示着当下东京不平衡的状态。今天的东京尽管有着诸多优秀的建筑设计个案，却失去了某种统一性。

　　对于日本的现代化来说，到底是欧洲城市里的什么状态变成了模本呢？城市价值观在历史进程中是不断变化的。例如，中世纪社会典型地体现着某种鼓励商人、匠人以及其他社会成员参与城市建造的强烈的市民共同体感。市政厅、大教堂以及其他对公共生活非常重要的建筑物统治着景观，与周围的房子融合在一起，创造了一个和谐的世界。但是在文艺复兴时期，建筑师和他们的赞助人开始出现；出于他们所共享的人本主义文化，诸多灿烂的建筑出现了。它们集体塑造了某种中世纪城市未曾有过的城市美。如我们在米开朗琪罗的卡庇多利奥广场上所见到的那样，文艺复兴的个体建筑师完全意识到在建筑作品和周围环境之间的张力（不像现代日本建筑师那样，他们对于环境没有什么兴趣）。任何作品的产生只有在建筑师获得了对城市空间文脉的某种准确把握，包括由既有的房子和其他建筑物所创造的模式的准确把握之后，才成为可能。这样，欧洲就有着城市和建筑以一种紧张但却和谐的平衡共存的历史，而这类平衡也正是现代欧洲城市建设的主要前提；这些都在其近代以降的城市建设中得到了印证。

而明治时期的日本人并不能很好地理解这一漫长历史背后的城市机制，很自然地，他们会着迷于那些变成了城市标志物的单体建筑作品。东京"地标"的出现是个新生事物，这种认识在江户时期是不存在的。但是除了少数表达了"文明开化"的醒目建筑之外，前现代的城市结构在很大程度上并没有改变。明治时期的人不可能也没有必要一夜之间就改变了他们的方式，然后就开始注意起一排建筑在塑造街区或是其他城市空间时所产生的整体效果。他们最直接的考虑在于在单体建筑和场地里表达文明开化的精神。

这样，明治时期作为新精神"纪念碑"出现在水边和河边的塔楼，在本质上就有别于被实体硬建筑包围的欧洲广场和林荫道旁耸立的穹隆和尖塔。由于人们对建筑单体的认知被从其欧洲文脉中割裂开来，在日本明治初年的东京出现的"塔楼"，被当成了完全独立的要素，并且扮演着完全不同的象征角色。

在很像塔楼的这些杰出的城郭风角楼盛行的影响下，出现了许多装点着从欧洲进口的计时设备的钟楼。正如初田亨所指出的那样，更早出现的居城风塔楼曾经担负着火警瞭望塔的作用，而新建的钟楼则更为接近欧洲的钟楼，它们竖向高耸的身姿直接导致路人要仰面望向天空。不过，让这些钟楼适应于日本条件的要素——特别是它们与建筑作为一个整体的关系以及它们在城市里的位置——也就是只可能在一个完全不同的文化语境中移植某个陌生元素的做法，产生了独特的空间设计和组织。

明治时期的钟楼可以根据它们的用途和地点分为两类。首先，钟楼是被安装在诸如军营、官厅、大学以及其他学校这类公共建筑的身上的。正如前田爱所认为的那样，军队、政府、学校都是这一时期需要某种严格遵守时间的纪律的社会性组织。自中世纪开始，在西方城市中计时的工作多数情况下是附属于公共建筑的钟楼和计时塔的职责。于是，很自然地，在明治时期的东京，最先安装钟楼的建筑就是公共建筑。

而绝大多数这类公共建筑物是矗立在之前归属于大名屋敷、而后捐给新政府的地点的。明治时期的东京尚没有经历19世纪欧洲城市所体验到的从根到梢的城市改造——诸如奥斯曼的巴黎改造或是维也纳环城路这样的大项目。

出于这个原因，现代日本政府建筑和其他公共建筑保留了"屋敷构筑"的意识。比如，开阔的场地，四周围以栅栏，设有门，留着长长的通道；对称式设计的建筑物，塔楼设在建筑中央。这些洋风塔楼（诸如由欧洲建筑师设计的工学院楼以及竹桥军部楼的塔楼）与传统水塔形象的建筑物［比如日本匠人设计的东京医学院楼（图75）］之间还是存在着不同的。不过，所有这些建筑都共享一个特征——在"屋敷构筑"中布置塔楼的方式。这类塔楼是位于通道尽头的，只有当人从外面通过一道完全隔绝的大门之后

[图75] 带有塔楼的建筑，东京医学院

[明治九年（1876年）竣工，堀越三郎，《明治初期的洋风建筑》]

才能看到。这种做法把公共建筑关在了一处独立基地内，赋予公共建筑某种造作的甚至是反城市的性格。它们跟西方公共建筑形成了鲜明的对比，欧洲公共建筑的特点就是要面向广场和大道开放，通过跟其他建筑的关系，积极地塑造城市空间。简言之，二者之间不只存在着塔楼形状的差别，还存在着两种不同城市文化体系之间的深刻鸿沟。

在东京，明治的钟楼也会出现在传统町人区的民用建筑上。幕府末期、明治初期（图76），诸多出于宣传目的而建的钟楼出现在那些因耐火而普及的下库上家的"藏造"房子的顶上。这类钟楼跟传统覆瓦仓库的奇异组合充分展现了文明开化的商人企业家们的好奇心和野心。

房子的主题和强加在它上面的钟楼无论在形式上还是在风格上都是两种完全不同的东西。在传统覆瓦顶上凸起的物体相当生硬唐突。结构完全失去了平衡，更不用说跟城市整体文脉的关系。而明治商人们建造的这些文明开化的象征，犹如近代日本的气息，已经吹进了新时代的大门。

明治二十年（1887年），与建筑作为一个整体，关系更加和谐，在竖向上更加突出，在式样上更加洋气的塔楼开始出现。甚至就在民用建筑身上，当人们对西洋建筑的理解加深之后，从之前局部模仿的做法已经转向对

[图76] 带有塔楼的建筑，小岛钟表店 [图片来源：《东京商工博览绘》]

整体造型的学习。"穹隆"和"塔楼"出现的场所已经开始享有某些肯定性特征。一般而言，随意建造的塔楼不仅失去了它们个体的象征意义，也制造了一堆杂乱的城市景观。欧洲城市的塔楼设计和选址定位都是遵循着将城市空间纳入设计范畴的原则；在它们的建造背后，包含着欧洲市民想要创造某种和谐、统一的天际线的共同心愿。在明治东京的欧式改造加深之后，人们开始考虑哪里才是建造塔楼的最佳地点。这就导致人们开始喜欢城市中心主要交叉口上的转角基地，这或许意味着将建筑物与城市空间整合起来的方式已经开始被人们消化吸取，西方的方式终于被渐渐地理解了。

这场转角大楼运动中的先行者就包括江户桥南头的站递寮（1892年）以及银座四丁目交叉口上的服部钟表店（1894年）。随着这些建筑的登场，"交叉口广场"以及更像是日本式广场的意向也开始逐渐成形了。

交叉口与转角型建筑

经常会有人提及，日本城市缺乏公共广场。的确，在日本的城市历史中，从没有出现过作为自治和社群团结象征的主宰着欧式广场的市政厅或大教堂。而在一处设计恢宏的城市空间周围那些建筑的气势，也就是欧洲广场周围经常出现的特征，一定曾经让明治时期的日本人惊讶过。即使是今天，建筑师和城市设计师们仍然梦想着在日本重建欧式的大小广场。但是现代东京的历史表明，诸多开敞空间实际上是被市民当成城市的"门脸"而设置的。就像我在第二章所指出的那样，有一类开敞空间就是在诸多城市的桥头地带创造出来的。

自江户以降，此类地带就盛产类似广场的空间，周围挤满了吸引路人和游客的茶屋、戏棚，就像是对此类历史记忆的延续。展示着最佳近代设计的开敞空间，从明治时期起就在东京所有的桥头出现了；特别是在日本桥、江户桥和数寄屋桥的桥头处。日本人对于欧式广场的敬慕在整个结构仍然处于江户状态的水岸广场找到了表达的出口。

从明治末到大正初，东京正在从一座面水的城市转变为一座陆地城市。这一转型带来了道路交叉口处开敞空间的建设，因为这是在为城市创造"新的门脸"。这类空间很快就在城市语汇中作为大家都熟悉的"街角"一词那里得到了体现。这类城市空间仅在近代东京这样的城市中才能找到，它是那种在传统城市文脉中阐释性地翻译西欧元素的产物。

自江户时代起，"桥头"和"交叉口"就被当成是城市结构的重要场所，特别是作为交通系统的节点。东京的公共空间是遵循着人在城市中的流动而形成的，非常特别，并因交通模式的变化而发生了相应变化。东京的公共空间本质上是流动的，它们也就跟欧洲广场十分不同。因为欧洲广场总是牢固地占据城市的中央舞台，仿佛在表明"广场优先"的原则似的。

一张明治二年（1869年）完成的对银座地区的沽券图（译者注：公共调查图，现存于东京大都会档案馆）清晰地表明，靠近桥头和道路交叉口的土地价格都比其他地段要高上许多。因为这项调查的时间要早于银座炼瓦街的规划时间，它准确地反映了江户老城的地价分布状态。自从江户时代起，这类空间因其繁忙的交通量以及明治时期创造跟欧洲大小广场近似的新城市空间的大量投入，也就像西欧城市广场的意向那般，重新成为具有新的品质的城市空间。

接下来让我们看看东京的转角地块是怎样在明治以降转变成为广场模样的开敞空间的。

自古以来，日本城市交叉口部的空间都很重要。它们既要保持城市交通的顺畅，又要吸引公众去关注城市景观。在江户早期的《江户屏风图》上（图77），就显示了许多居城风格的町家（三层带有塔楼的建筑）矗立在主要道路交叉口的转角地块上。根据玉井哲雄（译者注：日本建筑史学家，1948年~）的说法，如此宏大尺度的建筑物让那些参与城市建设并控制地方事务的有影响的上层町人得以彰显他们家族的社会地位和优越感。[14]

自明历大火之后，这类在转角显眼的建筑物就从江户城里完全消失了，幕府政府以防火为由颁布了一系列控制奢华的措施，包括限制建筑高度。但是转角地块仍然地价高昂。随着17世纪以后全国商品流通体系的健全和完善，富商们开始在那些被认为具有商业优势的转角地块开设店铺。因此，转角地块的售卖金额特别贵。[15]

即便是这样，如果从城市景观的角度来看，与之前三层居城风格的豪宅相比，这些店铺从视觉上强化城市交叉口的作用并没有那么强。早期现代日本城市的多数交叉口都处在町区边缘。因为町区里还设有木门，这类地点无论在功能上还是视觉上，都显得很特别。

与此同时，江户的下町是网格状划分的；在明治时期之前，没有斜穿城市的街道。对角线的构成本身对基于横竖轴线或是梁柱木构的日本建筑手法

[图77] 江户初期的转角型建筑 [图片来源：《江户屏风图》，国立历史民俗博物馆藏]

来说是个高度陌生的东西。还有，因为土地税是按照地界的沿街宽度收取的，在交叉口上斜着切转角并不实用。

不过，进入明治之后，情况发生了很大的转变。随着町境内的木板房被拆除，路幅以及干线道路也随之变宽。人行的道路上开始走人力车、马车，最终是有轨电车；交通的速度和街道尺度都变了。土地税不再按照地界宽度收，而是按照地块面积收，这样的变化就把转角地块解放出来，留作他用。结果，交叉路口在城市空间里的角色和作用逐渐发生了改变。

另一方面，随着开化文明时代的到来，人们接受了西洋建筑；边看边学，贪婪地想要采用西洋建筑的要素和设计。真正做到和洋折中的具有原创性的建筑开始出现。明治时期人们的兴趣不再局限于建筑的细部，而是延伸到了城市空间。在这样的语境下，交叉路口开始被凸显了出来。

随着明治时期西洋建筑的引进，我们就发现了在东京中心效仿欧洲城市切转角方式切出来的交叉口先例，也就是位于自江户时代起就是重要的陆路与水路交通枢纽的江户桥南端的站递寮（见图62）。明治四年（1871年），江户时代被习称为"生鲷屋敷"的鱼会所空着的一间仓库被改建成了新政府的第一座邮局大楼。明治七年（1874年），大藏省（译者注：财政部）的民用建筑工程师林忠恕设计并建造了一栋新楼。其他多数政府和公共办公建筑仍然沿袭着竖栅栏留大门的做法，保留着它们所取代的"屋敷建筑"那种造作的姿态。但是这栋直接面街、形成一个城市街区的邮局大楼，创造了日本首个真正意义上的城市建筑。它地处繁华的江户桥边，紧邻作为开化文明窗口的银座炼瓦街，成了路人关注的焦点。在流行的锦画上，这栋建筑通常会被描绘成东京名所之一，成了对于江户桥头景观的精彩点缀。

该建筑的正面对着日本桥川方向，中央是一个两层通高的入口门厅。同时，靠近大桥的转角被切掉一块，创造了一个有拱券的门厅空间，这就利用了桥头转角地块的优势。该设计通过这样一个特殊的细部，对新的非传统手法做了大胆尝试。

更为系统化地在交叉路口切转角的早期实例出现在银座四丁目的交叉口上，几乎就在连接着城市中心和东京门户新桥站的银座通或银座炼瓦街的中心位置上（图78）。与银座通相垂直的是一条自明治起越来越重要的从数寄屋御门通往筑地（即筑地宾馆和外国人居住地）的大道。

现存众多有关东京最出名的名所，银座炼瓦街的锦画和照片为我们提供了在这一交叉口上建起的建筑物的设计细节。起初，银座炼瓦街指的是沿着主街的整排并不常见的砖构店面。它们的前脸都有圆柱门厅，上面都有带扶手栏杆的阳台。但只是在这一重要的交叉口上，人们才会看到切转角以及从切角斜面进入建筑的实例。

明治七年（1874年），在炼瓦街建设的同时，在这一交叉口的西北角，也就是明治维新前的布袋屋吴服店（译者注：吴服即高级和服）的旧址上，建起了朝野新闻社大楼。这栋大楼前有一个门厅以及带扶手栏杆的阳台。建筑的主入口就在切角的斜面上，对着交叉口的中心。在这栋大楼的顶上扣着一个突出了整个设计重点的三角形屋顶。不过，除了少数街角被切成这样之外，街道的整个界面仍保持着一种不间断的连续性；因为诸如穹隆和塔楼这类东西尚没有被引入。根据三代广重绘制于明治十五年（1882年）的锦画以及明治二十四年（1891年）的石版画看来，相似设计的中央新闻社大楼出现在了这一交叉口的东北角上（图79）。还有，可以肯定的是，从明治十九年（1886年）以降，每日新闻社大楼就出现在了这一交叉口的东南角，而自明治二十九年（1896年）以降，京桥银行大楼就出现在了西南角上。但很有可能，在此之前，这些转角上的建筑物就已经带有斜向切面了。

[图78] [上] 银座通

[图片来源：《内务省地理局东京1/5000地图》，明治十九年（1886年）]

[图79] [下] 银座四丁目交叉口

[图片来源：石刻，《银座通》，明治二十四年（1891年），柏崎黑船馆藏]

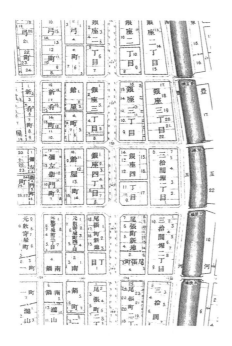

简言之，切掉城市街道转角的做法给东京江户时代的城市风貌引入了一种迄今为止前所未有的新尺度。

另一个在江户晚期、明治初期引入日本且加剧了东京城市景观改变的要素就是塔楼的出现。如前所述，欧洲的穹隆和塔楼是为了给整体城市空间制造某种象征性效果而设计和设置的。相比之下，在"文明开化"时期的东京，塔楼仅仅是模仿新奇西洋形式的设计母题，由此产生了遍地开花且根本不顾及整体背景的高耸建筑。塔楼多起来之后，也就没有了象征性的内涵；东京的天际线不但没有得到清晰界定，反而充满了混乱和繁杂。

不过，到了明治中期，塔楼和穹隆出现的场所形成了一个明显的倾向——这类建筑更多地出现在了中心街区的转角地块。就像我们在前面说到的那样，除了在交叉口上切转角，另一个时髦的做法就是为转角建筑加盖穹隆或塔楼，以便强化这类地点的标志性价值。或许这时的日本建造者们终于开始更好地理解了欧洲人协调建筑物和城市空间的方法了。

位于江户桥南端的那些地段以及位于银座四丁目的交叉口再度成为这股潮流的引领者。作为商业场所，此时的江户桥地区已经与最先"文明开化"的银座炼瓦街形成了竞争格局。明治二十一年（1888年）的大火烧掉了原来的站递寮。明治二十五年（1892年），由片山东熊（译者注：日本明治时期活跃的建筑师，1854~1917年）设计的中央邮政电报局大楼在原址上建成。这栋雄伟的三层砖构建筑在设计上是纯洋风的。位于转角切面、横贯了整个正立面的入口上方，装点着一栋雄伟的钟楼。这栋建筑位于丁字路口的尽头，周围都是沿着日本桥川四日市河畔绵延的江户时代的矮房子；这就让它显得格外醒目（图80）。

与此同时，在银座四丁目切了四个角的交叉口上，上覆穹隆和塔楼的奇异建筑开始出现了。例如，明治二十年（1887年），之前的朝野新闻社大楼，

此时由从木挽町搬到了银座四丁目的服部钟表公司经营。在这栋大楼的顶部，加盖了一座钟楼。这座钟楼因此成了明治时期银座的标志，而那个钟表公司也发展为制表业里的重要企业。服部钟表公司大楼跟中央邮政电报大楼的建造条件十分不同。后者是由具有影响力的政府御用建筑师设计的，旨在表现新的明治国家。作为和洋折中式建筑的钟表公司大楼是由民营建筑师伊藤为吉（译者注：日本建筑师、发明家，1864～1943年）设计的。伊藤曾经作为设计参谋本部的意大利建筑师卡佩莱蒂（译者注：明治时期来日的意大利美术家，1843～1887年）的助手，之后去了美国，研究抗震建筑；他还设计了其他和洋折中式样的劝工场；比如，主宰着新桥站前广场的博物馆（明治三十一年，1898年）。伊藤在银座的主要交叉口上（也就是之前的尾张町交叉口）通过给旧的三层砖构朝野新闻社大楼添建一个木骨架抹灰穹隆及其上珠宝状的塔楼，在那里营造出一栋形象高大的建筑来。

不久之后的明治三十九年（1906年），高级洋服店山崎商店选择了之前由中央新闻社大楼占据的东北角作为基地，修建了一栋全白的三层建筑，并在上面加建了一座高高的塔楼（图81）。

这些处在转角地块、上面加盖了"穹隆"或"塔楼"的建筑开始作为城市新

地标统治了东京的天际线。在前现代时期并不那么显眼的交叉口开始变为城市景观之中日益重要的元素，诸多商家都争抢着要占据这类高价值地块。

在这一现象的背后，是明治时期的日本人对于他们初次遭遇的欧洲城市空间的渴求浪潮。18或19世纪的西欧城市，比如巴黎、柏林和维也纳，在转角地块上已经建起了许多穹隆和塔楼。它们效仿的正是作为巴洛克时期城市改造产物的罗马波波洛广场，它的放射状道路以及带穹隆的双子教堂。对于明治时期的日本人来说，如何在东京再现此类城市结构成了一件颇为令人伤神的事情（图82）。

因为在东京是不可能精确复制巴黎或维也纳城市景观的。在西欧，转角地块上的塔楼多面向一处由不同街道交汇出来的广场，这些塔楼都是更大尺度上城市改造的一部分。欧洲的公共广场不仅仅是交通中心，它们还制造着最大化的纪念碑效应。相比之下，东京交叉口处的开敞空间在出现时总不大醒目，因为江户时代留下的网格道路体系基本没动。这倒未必是坏事，因为东京的街道转角仍然是人们日常生活中最熟悉的空间。

显然，单体建筑已经不再被当成独立存在的个体去设计了，而是被当作街道或整体城市空间的一部分。日本人越来越倾向于将基地条件与整体城市文脉联系在一起，以便最大限度地发掘基地潜能。出于这个原因，地处转角地块的标志性穹隆和塔楼的布置就变得重要起来。与此同时，交叉路口的开敞空间被当成了近似公共广场的东西。明治后期（1910年代），"广场"的概念被正式介绍到日本，但早在这之前，人们似乎已经有了对欧式城市空间的某种朦胧意识。

因为有了这样的意识，标志性建筑才建到了转角地块上，营造出许多特别的城市空间来。其中，特别值得一提的就是丸之内地区的马场先通（图83）。在此图背景上皇居的"伦敦一丁"左角，矗立着（明治二十八年，1895

年）由康德尔（Josiah Conder）与曾祢达藏（译者注：日本第一代建筑师，1853～1937年）设计的三菱二号馆。它一层的入口门厅就在街角处的圆筒体位置，上面扣着一个造型优美的穹隆。位于街角右侧的则是（明治三十二年，1899年）由妻木赖黄设计的砖砌东京商业会议所。在这个颇具创意的设计中，妻木赖黄采用了明快的切角方法，突出了东京城市结构中并不习见的斜向透视感。这两栋建筑，尽管风格迥异，却都在总体上跟街道和外部空间构成了相似的关系，也在塑造新型城市空间方面表达了相似的意向。

随着这些引领潮流的实例陆续出现，转角地块上的建筑物变得越来越受到欢迎。特别是到了明治晚期，诸多这类建筑都喜欢突出它们的塔楼，包括下面两栋洋风钟楼高耸的建筑。其一是（明治四十一年，1908年）京桥边上银座炼瓦街角的读卖新闻社大楼（图84）。这是在原有建筑的基础上，加建了圆柱支撑的第三层，然后又加建了一座洋风钟楼；而主入口也被改到了最靠近桥头的转角上。这栋巨大的建筑，在明治末年（1910年代）成了京桥地带风景中的亮点。

另一栋建筑就是在本银町二丁目的今川桥岸边转角地块上的西浦陶器店大楼。这栋地上三层、地下一层的木构洋风建筑是由该店满脑子创意的店主设计，由大木匠师伊藤半三建造；其富于创新的华丽设计吸引了人们的注意力。这两栋建筑都建在靠近桥头处的事实再次印证了滨水空间在东京的重要性。

除此之外，在明治中期（1900年代初期），百货公司也开始迁至城市中心区，它们似乎在以博物馆为榜样。作为极其繁荣的展销时尚产品的商业设施，和洋折中的博物馆成了城市新景观的象征。绝大多数百货公司也都占据了交叉口上的转角地块，并同样变成了城市里的新地标。在这些百货公司里，位于日本桥的白木屋吴服店算得上是转角建筑流行形象的有力代表

［图83］［上］明治末年（1910年代）的丸之内马场先通
　　　　　　［图片来源：《街景 明治大正昭和》］

［图84］［下］读卖新闻社［图片来源：平野光雄，《明治东京钟塔记》］

了。这家商店不仅于明治三十六（1903年）在原有三层建筑的基础上加建了由伊藤吉太郎（译者注：日本美术家，1851～1932年）设计的塔楼，还于明治四十四年（1911年）安装了电梯（是最早安装电梯的店家）。或许是这家商店想要维持其历史悠久的吴服店形象，改造之后的建筑仍然保留着传统和式建筑的模样，就像我们在它和洋折中的塔楼身上所能看到的那样——门厅上方用的是唐破风屋顶，建筑面街的一侧上方用的是悬山四坡顶（图85）。

大正七年（1918年），这栋建筑被一栋全新的转角建筑给取代了，这一次，新建筑是所谓纯正的新文艺复兴风格。就样式而言，这一新的现代建筑表示着跟旧建筑的一种激进告别。但在建筑和街道的关系上以及建筑对城市景观的组织上，转角建筑的根本内涵则被继承了下来。

与此同时，位于上野广小路交叉口上的松坂屋吴服店，利用其改造的机会，用一座高耸的圆筒体塔楼，创造了一处造型夸张的转角建筑。

到了明治末年（1900年代初期），这种突出街角用地并在斜向切面上进入转角建筑的做法已经变得特别流行之后，就连传统的石造町家也开始切转角，在切面上布置入口。这种在如何利用街角的问题上的态度转变最终影响了寺庙建筑,产生了转角型入口的寺庙。

但是并非所有明治时期转角地块的建筑都采用了切角的手法。就如西浦陶器店和麻布区役所(明治四十二年,1909年)那样,塔楼或是圆筒体处的门厅通常会一直向外面的街角延伸。这样的外凸形建筑物并没有反映出有关城市交通的新认识,因为这类设计必须考虑到城市的整体交通体系,而不是在已经有利的地角上为了个体建筑仅仅作为新的风格原型而出现。因此,绝大多数这类建筑并没有起到强化城市空间统一性和协调性的作用。不过,每栋建筑也都炫耀着在任何欧洲城市所不曾见到的丰富的原创建筑设计。

明治初期完成了大量城市改造项目,其中就包括银座炼瓦街的建设、街区地块调整以及日比谷地区的大型市政中心规划[由恩德(Hermann Gustav Louis Ende)(译者注:普鲁士王国建筑师,1829~1907年)与伯克曼(Wilhelm Böckmann)(译者注:德国建筑师,1832~1902年)负责,但只是部分实施了]。不过,直到大正年间,日本才系统引进且真正理解了欧洲的城市规划方法。之前人们的关注点一直都是如何把东京打造成为文明开化国家的首都,在城市中心营造新的城市景观;而到了大正—昭和初期(1910年代~1920年代),随着更加重视面向市民的城市空间建设,迎来了一个现代化与西化的新阶段。在这样的语境下,"广场"被当成了城市里的象征性空间。特别是在关东大地震(1923年)后的重建工作中,交叉路口的开敞空间开始被当作城市空间重要组成的广场看待了。

"屋敷营建"的公共建筑

江户—东京的城市结构在诸多方面很难用西方理性主义的思维方式去

捕捉。我们行走在东京的街头巷尾，很难见到由文艺复兴"透视法"所框定出来的那种整体化的城市空间。我们也看不到沿着中轴，在远端设置某个象征性"纪念物"的以景点为导向的巴洛克式空间。即使俯瞰时，我们也不会在东京辨识出能把周围形状几何化地统一起来的明显中心。

在江户，从来就没有欧洲城市里那种能把不同要素统一成一个整体的清晰逻辑体系。这座城市拥有的是另外一种体系——一种在欧洲城市里无法见到的有机且具有弹性的体系。在江户，局部并不从属于某个整体化的理论。相反，整座城市就像马赛克或万花筒，散落着由具体地点的特殊性、它们的地形以及历史，创造出来的各种不同的景象。这座城市的这种基本属性甚至在明治之后也并没有发生改变。东京从未经历那种忽视地形或既有城市结构的改造。

东京向现代首都的转型采取了一种完全不同于巴黎的模式。巴黎是经过奥斯曼（Haussmann）的大规模改造的；相反，在东京，具体场所或地块成了某种自我成立的小世界，这些小世界的总和构成了东京这座城市。正是在这当中，近代各式各样的生活场景不断地上演着。也正是由像这样的人类和集团活动的累积，才最终形成了我们所看到的城市。

比如，与作为欧洲近代城市基石的"轴线"或者"对称"结构所整合出来的具有较强整体性的城市不同，一个又一个地块基于各种意图被建设起来，只有大学校园或政府建筑才会采用明确的轴线。在这些地块之中，能够承载新价值观的建筑成为了香饽饽，而它们的综合成就了城市。一处处"地块"当然有着它们各自不同的既有条件以及明确的方向，但这些场所中所蕴含的记忆和意义都被很好地吸收和发展了。它们仿佛是承载了"场所基因"的马赛克那样，构筑起街巷的世界。

在这里，需要特别关注的是从深厚历史中孕育出来的近代思想以及集聚了新意义并作为其中一片马赛克的旧日大名屋敷。

在明治初年，东京中心区的改造是通过在江户旧的城市结构上直接照搬欧洲建筑的方法来进行的。但是这种做法的产物却是我们在任何欧洲城市里也看不到的城市景观。在这一时期，不只建筑有着和洋混合的折中式风格；更为重要的是，城市建设的基础，包括一般而言的体块形状与用途的基本参考框架，仍然存在着江户以来一以贯之的连续性。毕竟，江户建筑和城市文化的独特性形成了这样的事实，即使在城市的中心区里也都是些大型的大名屋敷。在东京之外，我们很难在今天的任何其他城市发现类似的现象。

如果我们已经得出了这些一般性的观察结论，可以进一步去思考近代初期的东京，其建筑和城市空间的关系；特别是跟欧洲那些显而易见的模本作个对比。

在欧洲，城市型府邸甚至城外别墅的立面，通常都是直接面向公共街道或广场。例如，路易十四的凡尔赛宫就骄傲地把它恢宏的正立面朝向一个公共广场。壮观的建筑正立面彼此间构成了一条连续的线，积极地参与到城市公共空间的构建当中。例如，19世纪维也纳"环城大道"的规划就提供了大量的开敞和绿色地带；大尺度的建筑群，不管是作为公共建筑的办公楼还是集合住宅，都不会在建筑外另设围墙，而是直接面向公共空间。欧洲人的建筑从一开始就是被当成城市的有机组成来考虑的。而诸如私家庭院、栅栏、门这类东西，一般只存在于非城市建筑之中；比如乡村别墅、独栋府邸，或现代城郊的中产阶级住宅。

相比之下，日本传统城市典型地组合起两种并存的生活模式：町人的生活模式，其核心在于"店铺营建"；以及统治者的武士生活模式，他们总有"屋敷营建"的意识。这两种模式几乎被明治时期的东京丝毫不加修正地直接继承了下来。

我们所能见到的对于这种传承最好的证明就是出现在明治初年（1870年代）日本桥附近的代表性建筑。其中最为有名的是通往海运桥路上的第一国立银行大楼。这栋和洋折中的建筑，在殖民地式二层建筑的上方加盖了一座居城形式的塔楼。这栋建筑也是东京走向文明开化的早期象征之一。然而，它的主楼并不真的向城市空间开放。它展示出诸多典型明治时期样式上的创新，特别是在栅栏的造型上；栅栏的顶部在某种程度上是开敞的，使得人们可以从外面清晰地看到里面的塔楼。但建筑本身处在栅栏围住的庭园包围中，外加一道迫人的实门，这就多少维系了"屋敷营建"的传统心态。这样的空间布局或许是在大名屋敷旧址上建造新建筑时不可避免的产物。我们在蛎壳町的米商会所以及第五国立银行的建筑上也会看到诸如此类不同寻常的布局。

这般现代且异质的建筑也在沿街一行行传统立面（facade）的町人住区里登场了。例如，明治七年（1874年），取代了海运桥原建筑的骏河町三井组总部大楼（图86）（原总部大楼在政府的命令下被改成了第一国立银行）。虽然这栋新建筑已经去除了原总部大楼突出的折中特征，它更为接近流线型的洋风建筑；然而它的细部，特别是塔楼顶部那个海豚般的形象，仍然传递着某种居城建筑的意象。[16]除了其样式上的特殊性，这栋带有塔楼的三层建筑还跟那些沿街布置的形成一条清晰实线的町家形成了奇特的反差。这栋建筑的主要特征，它的前门、四周的开敞空间以及一圈围栏，都在表达着它的显赫，但这是以牺牲环境的景观统一性为代价才得以实现的。这个特别的例子说明，只有从与之前大名屋敷的物质实体连续性的角度，我们才能解释这种有着传统屋敷布局的洋风建筑的建设。也就是说，这样的实践只能被放到原有情境中去理解，它是一种植根于历史的文化价值观体

[图86] 三井组大楼

[图片来源：三代广重，《骏河町三井银行》，东京都立中央图书馆藏]

系的清晰模式或是"型"，甚至被传续到了近代。

现在，让我们去看看江户居城周围那些上等的大名屋敷是怎样成为新首都东京所不可或缺的功能的输导管的吧。在这些宅邸收归公有之后，原有地块无须太过改动它们的大小和形状，便可以被转化为现代的公共设施，包括官厅、大学和大使馆。

因此，在这样的城市文脉中出现的近代建筑也各自获得了某种特殊的性格。在那个时代的建设时期，以及从雇佣日本建筑师到雇佣外国建筑师的不同，建筑设计开始从近似和风的折中样式转向纯粹的洋风样式。尽管如此，建筑物的基本配置、地块利用、大门与围栏的设置等"屋敷营建"的共通意识还是显而易见的。也就是说，从街道、地块及建筑物之间的关系建构，以及从景观结构层面来看，无论什么样的建筑都存在着能够分辨的明确原型。那就是在一处宽阔的私家地块中，围起"围栏"，架上"大门"，在从大门延伸出去的"轴线"上"左右对称"地布置建筑物（图87）。

明治初期，近代设施的匮乏迫使政府占用了诸多既有建筑物作为公共之用，包括大名屋敷及其附属的长屋门和马车库（图88）。虽说更新的建筑逐渐取代了原有建筑，但是地块的使用方式本身并没有发生根本性变化；相反，近代化或是西洋化只发生在了少数主要特征上。比如，沿街的长屋门，因为显得后面的基地太过封闭，而被拆除，换成了带栅栏的围墙；而大门和入口门厅笔直地连成轴线，轴线尽端就是主体建筑。

明治初期，由日本建筑师设计的建筑，比如大藏省大楼（见图74）以及东京证券交易市场，不仅没有轴线，还在它们的入口门厅上加盖了唐破风屋顶。栅栏式围墙的引入，赋予地块内部某种开敞空间的感觉。的确，这些也都是转型期设计的建筑。

不过，从欧洲人的感觉来看，这些建筑不仅是非城市的建筑，而且几乎是无法出现在城市核心区域的。只有在东京这样的地方，曾经作为武家之都，才会涌现出这么奇特的折中式城市景观来。这座巨大的城下町现代化的过程，并不仅仅体现在将那些洋风设计的建筑导入近世武家屋敷一直以来的文脉之中，创造出非常独特的"建筑—地块"的空间划分，形成极其有特点的城市景观；而且这一过程也正是从壮阔的城下町发展到东京的轨迹。

像这样挪用前近代府邸，改作公共之用的想法，也同样适用于学院和大学。从"大门"延伸的"轴线"，在其上以"左右对称"的方式布置建筑物。以这种明快的象征性构成了神田锦町的学习院（图89）以及本乡的东大医学

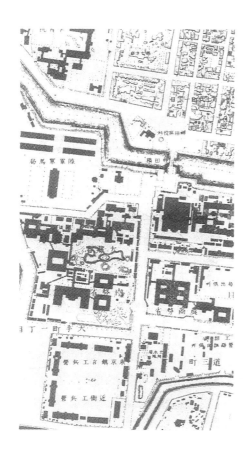

部，成为了之后大学建筑设计的基本格局。就像在设计中小学校时那样，学院和大学校园也会在中央设置钟楼，作为身份的象征，强化这些学院已经存在的纪念碑效果。但是这些钟楼通常都处在远离公共街道的地块上，它们与欧洲城市里的钟楼不同；在欧洲，钟楼是作为面向公共空间的象征存在的。因为这种自我完整的属性，明治初年的钟楼加深了学院和大学在一般人眼中所具有的宁静致远的氛围。

在传统的日本屋敷里，带有唐破风的气派门厅被认为是较高社会地位的象征。这样的思维方式似乎在现代建筑身上同样存在。或许，这就是为何人们总喜欢并广泛传播那种强调主入口，特别是在一层设门厅、于其上设阳台的设计。

人们并非只在官厅和大学校园的设计上采用这种在从"大门"开始的明确"轴线"尽端布置建筑的纪念性空间组织手法，人们也把它用到了町警察署、区役所，以及其他小型地方性公共建筑的布置上（图90）。不管它们在样式上是洋风的、折中的还是传统的，这些地方的公共建筑展示出本质上相同的空间模式。虽然在东京已经很少保留这类建筑了，但在附近的城市却仍然可以看到。

后维新时代日本建筑的轴线化对称布局的空间组织特征，明显是对基于透视法的西洋空间布局的效仿。然而，这种效仿的实施方式有着特别的日本特点。例如，从大门开始的"轴线"总是终结在入口门厅处，从来不会像欧洲宫殿和公共建筑那样穿透建筑。建筑背后的空间完全没有了几何关系造成的紧张感，因为那里通常还是前现代流传下来的和风庭园与池塘。还有，"轴线"总是被控制在地界中，从来不会延伸到城市街道或广场上。

而奥斯曼在改造巴黎时，首先要做的就是让"轴线"贯穿城市，在轴线尽端布置气派的建筑物，作为城市标志。这种纪念碑化的城市设计在东京从

［图88］［上］占用了大名屋敷的文部省

　　　　　　　［明治五年（1872年）前后，堀越三郎，《明治初期的洋风建筑》］

［图89］［中］学习院

　　　　　　　［明治十年（1877年）竣工，堀越三郎，《明治初期的洋风建筑》］

［图90］［下］地方性的公共建筑，本所警察署　［图片来源：《新撰东京名所图会》］

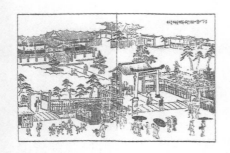

来不曾出现，直到很晚近的时候，才冒出少数几个例子，比如东京站、国会议事堂、圣德纪念绘画馆。但是这些纪念碑化的空间没有一个成为人们愿意去的热闹的城市场所。

因此在东京，人们是在同一般大众空间相隔离的单个地块里，随意引进这种西洋式轴线与对称的城市空间组织方式的。人们完全自由地使用这种方法，无须拘泥于周围条件，将之用到了遍布全国的公共建筑身上。

如果说这种空间组织方法纯粹源自西方，对于传统日本建筑和城市原则来说完全是陌生的话，那就很难解释为何这种方法会在很短时间内获得如此广泛的普及。或许，我们该换一种思路，思考在日本的传统空间体验里是否已经有了某种基础，才能让人们如此自然地接受这种新的布局方式？

当我们仔细查看《江户名所图会》时，我们就会注意到在那些描绘寺庙和神社的俯视图里，总是不断呈现相同的空间布局（图91）。在这种自古以来寺社建筑一直广泛沿用的布局中，从神社的鸟居或寺院的山门开始，通常都有一条笔直的"轴线"延伸至深处"左右对称"的主殿。这条轴线有时会穿过山门，但从来不会延伸到公共街道或是主殿的背后。这正是在单个地块上实施的那种空间模式。更令人惊奇的是，当我们翻看明治初年各町代表建筑的图册时，就会发现，不管是寺社还是公共建筑，其中大多数建筑都采用了相同的大门至路径的轴线以及入口门厅的构成法则。那些较大的公共建筑倾向于在设计上更为西洋式，但它们基本上还是采用了寺社那样的正面布局法。

我认为，这些思考会让我们得出以下结论：因为江户时期已经接受并确立了宗教空间"轴线"与"对称"的组织方法，以及相似的立面设计，也就是更为西洋化且更为纪念碑化的布局法；所以，人们才能毫不犹豫地将其运用于官厅、学院和大学这类典型的现代公共建筑。

原先在日本，以住宅为代表的日常建筑以其自由的平面形式为特征；像"轴线""对称"这样的西洋式几何化概念对于这种设计方式来说是过于陌生了。即使是那些有着炫耀意识的领主们的大名屋敷，也不会把长屋门与入口门厅连成一条直线；人们尽量避免直截了当的空间组织方式。然而，对于宗教建筑，情形却完全不同；即便是小型寺社，也会在从山门笔直延伸过来的路径尽头布置对称的建筑。这种象征化的布局手法旨在创造出某种与世俗街道和周围宅地十分不同的特殊仪典空间。

在明治初期的东京，那些作为管理现代城市的全新社会性设施的公共建筑，就可以被视为远离了人们日常生活的新时代标志。因此，如果说寺社的象征性结构被当成了打造这种新型仪典空间的崇高范本，那也绝不奇怪。实际上，这一时期的公共建筑的确变成了新时代的"神殿"；它们作为东京文明开化时代的新地标，吸引着人们的目光。

概括地讲，明治初年，在城市中布置新出现的官厅和大学的过程中，有两股不同的空间布局线索拧到了一起：用于整体设计的是"屋敷营建"的传统概念；而与人们已经熟悉的寺社建筑构成方法相近的西洋式"轴线""对称"的概念，则仅仅被用在了从大门到入口门厅之间这段最为公共化、仪典化的正向空间当中。

晚些时候，随着人力车和马车数量的增加，马车回车道被用到了大门与入口门厅之间的地带；轴线化设计的视觉效果就被极大地削弱了。但是由于马车回车道的出现，沿路产生的主体建筑在树丛后若隐若现的构图效果，或许更能取悦日本人的审美。实际上在一些实例中，人们就是要栽种不对称的松树或枝干参差的乔木，以此创造同"轴线""对称"的几何化完全相反地非对称的精美反差。

很快，在东京的中心区，就出现了众多耸立着标志性"塔楼"的"轴线"加"对称"的设计。轴线和对称都不是用来给公共广场增加威严的，塔楼也不是作为城市地标矗立在林荫道的尽端。这些建筑都需要一处独立"地块"内的完整形态，而西洋式的空间布局手法仅仅在建筑正立面前以某种微缩形式出现。这些独立的建筑物和地块就像是嵌在江户既有城市背景上的马赛克石块，它们组合在一起，创造出明治初年走向开化文明的东京那形式独特的中心。其结果就是折中式城市景观的产生——一方面保持着基本城市结构和"屋敷营建"的传统概念不变，另一方面热烈地整合着新的意象。在19世纪的欧洲城市里，单体建筑和城市空间是一起设计的，为的是创造整体性的城市美；而在明治时期的东京，建筑设计是在独立地块内单独进行的，完全跟总体城市规划相脱离。

当然，外国工程师负责的项目里也有些例外的情况。由英国建筑师沃特斯（Thomas James Waters）（译者注：明治初年活跃的外国建筑工程师，以泉布观以及银座炼瓦街而为人熟知，1842~1898年）设计的银座炼瓦街，就是要在原本被大火烧掉的町人地上，用一排排砖砌建筑的前廊，形成统一的城市空间。还有，在之前的那些大名屋敷地块也曾出现与既有城市形态决裂的剧烈城市改建项目的规划。例如，在明治二十年（1887年），政府就曾基于德国人的巴洛克城市规划方法提出霞竹关市政中心项目。这一设计折射出日本政界对德国铁血宰相俾斯麦（Bismarck）的敬慕。明治政府也把这一项目委托给了两位德国工程师——恩德与伯克曼。不过，他们所给出的激进设计并没有得以实施，也就没有造成对东京从江户那里继承下来的城市结构的巨大冲击。由于财政困难、地基不稳，以及政治条件的变化，比如日本政府跟西方列强签订不平等条约谈判的破裂，这个项目只是部分地得以实现。司法省（现法务省）、裁判所、海军省、临时议事堂等建筑得以建造。[17] 而其中多数建筑，就像司法省大楼那样，都设有围栏和大门，很少反映出巴洛克城市设计的开放感。

明治时期的东京中心区到处散落着带有围栏和绿色庭园的官厅、大学以及其他类型的公共建筑，这样的景象在欧洲城市里是看不到的。这一特殊的发展过程似乎在保护东京环境免遭恶化方面起到了积极作用，但也带来了某些负面影响。例如，用围栏围住开敞空间，就妨碍了这些公共空间成为广场和漫步道的可能，而广场和步道是城市生活多样性得以体现的场所。在公共空间和公共建筑之间的联系切断后，就不太可能创造出我们可以在欧洲看到的那种统一且美丽的城市景观。不过，东京因此而遍布绿色植被的城市中心，还是值得高度赞赏的，这也使它拥有了一种独特的城市结构。如果那些现代化项目完全拒绝了传统视角中建筑和地块之间的关系，这样的发展模式就不可能实现了。

纵观明治时期（19世纪末叶）的现代东京，我们看到，尽管充斥着各种不同的且热切地想要推进东京西洋化的尝试，新出现的城市空间还是有着原创的且独具特色的样貌。在这背后，不断地为东京城市构成指引方向的动力，就是东京从江户那里继承下来的历史与文化的文脉，以及江户人对城市尺度与空间的感受。

第四章 现代主义的城市形态

序——城市的时代

导入历史的视角来观察东京形成的原因，就会发现这个城市原本就拥有发展城市环境和景观的良好条件。山手地带有着起伏的地形以及大片绿地；三角洲上的人造下町因为有着人工水渠，形成了水上大都会。世上再难找到这么一座拥有如此众多山丘和桥梁的城市了，这就是东京。

但是当我们审视东京的现代历史时，会发现，这一丰富的历史与文化遗产已经受到了侵蚀；这座城市被以功能性和经济性为由破坏了。东京不再是一处适宜于人们生活及生存的场所。这座城市的中心已经急遽空心化，流失了产业与商业服务行业。

终于在最近这些年里，出现了一场席卷了整个城市的运动，旨在重新把发展带入合适的轨道，恢复中心区生活空间的魅力。各处町区都在进行侧重于城市设计和环境设计的自身改造。这些做法代表着对经济高速增长期做法的明确转向。在经济高速增长期，大规模的开发往往仓促上马，为了追求功能和效率，忽视地方环境。与之相反，最近的尝试是从人的角度看待发展，以创造宜居且有个性的城市为主题。

然而，这样一种看上去终于开始生根的思维方式，也并非什么新成就。回望日本的现代历史，我们会发现，这种城市思维从大正后期到特别是之后的昭和初期（1920年代），就已经在孕育之中了，并且的确结出过远超出我们今天认识的丰硕成果。然而，从一个时代到另一个时代的流变异常迅速。之前的时代看上去已十分遥远，那时著名的建筑作品很快就被我们遗忘，连同当时创造的城市景观。既然我们现在开始重视城市设计，那我们是不是也该把城市设计的先驱、大正后期、昭和初期（1920年代）的城市思维以及由此产生的城市环境，重新带回我们的视野呢？

带着这样的问题意识，我们再来讨论一下这一时期东京曾经开展过的以市民为导向的城市发展创新之路，并"解读东京的现代时期"。

对于日本的城市史来说，大正、昭和初期构成了一个特殊的时期。在明治的开化文明时代（19世纪），城市改造的规划就那么画了，然后就建了，都是些"国家的计划"。也就是说，都是由当政者构想、无一例外地处城市中心沿主要道路建设的项目。虽然百姓也会对这些文明开化的产物投去好奇的目光，但他们仍然在下町地区生活，开店做生意，很好地保持江户的传统。

相比之下，大正、昭和初期的城市规划强调的是对百姓生活品质的提高。这时，现代化进程已经渗透到了贴近日常生活的场所。不只是一般市民，就连专家和行政人员都在日益强烈地表达他们对城市和地域的关心。一方面，他们宣传城市功能性和实用性的好处；另一方面，他们表达出对美和舒适（或许，这意味着我们今天所谓的"环境"概念，在当时已经出现了）的渴望，以及对社会生活的追求。

近来，在各个领域都出现了对1920年代给予重新评价的活跃动向，甚至发展到，我们会听到有人说："现在不过是对1920年代的模仿而已"。[1]这样的认识并不仅仅出现在西方发达国家，也存在于日本。就像海野弘（译者注：日本评论家，1939年～）所指出的那样，即便是日本，1920年代，也就是大正后期到昭和初期，也可以被认为是现代城市生活被确立的时代。[2]

当代的城市生活并不仅仅包括时装、化妆品、小汽车、电影、广告，也包括诸如文学、美术、音乐这样的大众传媒，以及在这之外的建筑和城市设计。甚至在那时的城市街道上最普通的商店之间也在彼此攀比，试图把洋风意象中的要素，诸如拱券或柱式，整合到它们的立面中去。这类做法导致了所谓"看板建筑"的说法，指的就是引人注意的独特建筑正立面表达形式；这也为日本后来的商店建筑风格打下了基础。同样，在城市规划领域，大正八年（1919年）颁布的城市规划法以及城市街区建筑法为随后的城市建设奠定了法律基础。几乎所有被认为只是今天城市规划才有的技术术语都在这一时期出现了；而今天东京城市景观的原型，也在这一时期基本形成了。

诸多要素的共同作用促成了这一"城市时代"的出现。首先，第一次世界大战为工业化提供了契机。伴随着人口涌入城市，形成了工人阶级和大众群体。这些变化为新的民主思潮的崛起提供了背景。其次，经济增长带来了消费的繁荣，也让"文化"一词流行开来。这跟今天的城市状况有着某种不可思议的相似，人们几乎会把一切目之所及都贴上"文化"的标签。我认为，这些要素构成了日本社会真正的新体验。

当然，与此同时，我们不能忘记那些制衡要素的存在，那就是江户以降城市历史的积累以及城市生活的传统。城市宛如存在于从不间断的时间长河之中。

急遽的城市化进程也使各种各样的城市问题进一步激化了：建筑的密集化、不良住宅地区的出现、市民阶层所感受到的生活难和住房难，伴随着地价飙升的投机现象。这样看来，过高评价当时的城市条件可能有些不妥。然而，当我们看到当时试图克服这些困难、试图为市民创造良好城市环境的那些专家和城市管理者的热情以及高度的思想品质时，当我们意识到这些努力创造出那些塑造了今日东京基本骨架的城市设施和空间时，我们就知道在当下有多少东西可学了。

水城·东京

曾几何时，东京的下町乃是由隅田川和众多人工挖掘的运河形成的一座即便是在世界上都令人自豪的水城。广重以及明治时期的小林清亲等人的浮世绘和锦画都曾描绘过那里充满魅力的水岸景致。那么，随着现代时期的到来，东京水岸空间又发生了哪些变化呢？

总体而言，大正、昭和初期是东京城市结构以及交通体系发生转变的一个转型期。铁路的发展意味着城市从傍"水"朝着沿"陆"发展；而在街道上，小汽车和巴士取代了人力车。这些变化极大地影响了东京城市空间的重新界定。

从一开始，所有与人的活动有关的功能都集中在滨水地带。仓库和码头地带也不仅仅从事物流和经济活动，大名的下屋敷也会在那里落户，利用那里优美的自然环境。诸多町人常去的茶屋和料亭，因其场所的明媚风光，创造出了游兴空间。然而，进入近代时期，大名屋敷的宅地不仅变成了公共建筑用地，也变成了工厂和大型仓库的所在地。水体持续遭到污染，到了大正时期，这一地区作为城市的游兴空间已经丧失了它的吸引力。摧毁下町的关东大地震（1923年）几乎抹去了滨水地带所有江户时代魅力的痕迹。

然而，水体对于这座城市的重要性并未减少。成本低廉的大宗水运仍如往昔那般活跃。虽说某些运河会因河床过浅、无法适应运输要求而被填埋，一般性的趋势是对运河进行开掘和拓宽。实际上，神田川很快就有了新建的护堤。还有，水上巴士开始运营，在下町地区形成了水上巴士网络，成为市民出行的重要形式。

这一时期，尽管滨水地带已经失去了江户时期的魅力，但水体仍在城市环境中仍在发挥着巨大的作用。通过审视关东大地震的灾后重建工作，我们就会意识到滨水空间仍然在诸多方面扮演着重要角色。

当时的一大特征就是规划师试图在东京的水岸叠加上富于欧洲城市美

的滨水空间意象。例如，造园家折下吉延（译者注：日本造园师、城市规划师，1881~1966年）就曾观察过伦敦和巴黎的林荫道体系。他提出过利用东京滨水景致的重要性；甚至早在关东大地震（1923年）之前，他就提出过从四谷见附引出一条宽阔的林荫道，绕着外濠走一圈。他称赞莱茵河畔以及那不勒斯海岸的美景，同时批评隅田川沿岸那些码头、工厂、料理屋、别墅随意向河里排污、扔脏物的做法。[3]犹如伟大的启蒙时代，大正时期，以西欧城市为榜样，奠定了当时的日本及近代日本城市的雏形，这些是能够捕捉到的有根据的猜想。

这里，重要的是"水"对于此时的知识分子和之前的人来说，在意义上的差别。起初，江户人觉得水体就是可供泛舟、体验游兴乐趣的演艺场所，或者某种统治着人类生存各个方面并跟宇宙观有着紧密关联的东西。但是到了大正、昭和初年，滨水空间经由西欧城市被重新引入日本，获得了新的评价；除了作为货运通道之外，水体几乎完全被当成了观赏的对象，成了城市美构成中的核心要素。

这样，东京水岸空间的灾后重建，为现代主义在城市场所构成中提供了最为直接的表达机会。关注滨水空间的变化，也就为我们对东京的城市现代化进程作进一步的研究，提供了特别有效的方法。

首先，作为灾后重建事业之一的就是位于隅田川沿岸近代漫步道上的浜町公园和隅田公园；它们加上锦系公园，成了整合到灾后重建计划里的三大主要公园。这些公园的建设旨在提升东京市民所需要的保健、卫生和休闲条件；同时，这些公园的规划也考虑了防火以及在紧急情况下避难的需要。

在浜町公园的例子里，土地所有权的征用相对容易些，因为土地拥有者只有三人，首当其冲的是细川（护立）（译者注：日本宫内的官僚、政治家、

[图92] 昭和初期的隅田公园

侯爵, 1883~1970年) 家族。然而, 这处地产的重要部分都被沿浜町河岸发展起来的著名娱乐业所占据, 它们的征用和转让就很费事。最终, 由土地征用审查会裁决, 这一江户情调浓郁的娱乐区才被拆除。在它的位置上, 建了一处精彩的公园。通过采用现代设计手法, 这座公园表达了所谓"亲水思想"。

隅田公园是以沿着隅田川两岸绵延1.3公里的漫步道形式出现的, 并以创新的西洋风设计修复了隅田川堤岸的景观(图92)。为了打造纯粹的现代式景观, 著名饭店"八百松"被拆除。明治之后, 这个沿隅田川布置的精彩公园成了现代运动和赛舟的人气场所。

隅田川位于向岛那一侧, 一直都因其沿岸的樱花树而闻名; 从江户时代起, 这里作为名所景点的情调就很受欢迎。尽管在地震中堤岸几乎毁尽, 那些樱花树还是被救活, 移栽到了现代步道边。而有着潮汐庭园的德川邸以及牛岛神社、三围神社、长命寺等传统宗教空间则被整合到公园的背景中去。这样的设计使得原本可能显得单调的现代公园有了环境上的多样性。公园甚至拥有开店许可, 出售地方名点, 诸如言问团子与樱花饼。当我们剥去这一宏大的滨水公园现代城市空间这层干净、整洁的外衣之后, 就会看到由玉之井花街的城市地下世界所构成的热闹拥挤的空间。这样的事实，再度引发我们对这座城市明与暗的思考。[4]

不过，在展示城市对外形象的外部空间时，那种对于摩登城市设计的狂热追求一再涂改着东京的城市景观。例如，取代地震所毁旧桥的都是些现代式桥梁。此时，日本的土木工程学已经发展壮大了。尽管桥梁设计仍然多以西洋式为参照，却也产生出许多匠心独具的桥梁。诚然，在"水城"东京，自江户时代起，桥梁就一直是下町区景观中的亮点，就像山手地带的山那么重要。参与灾后重建的桥梁建设委员会的建筑师们，不仅照顾到了桥梁的交通功能和结构要求，还探索了桥梁跟所在地域环境之间的联系。[5]今天，五十多年过去了，当初所建的这些桥梁仍然在塑造东京下町区的城市景观上发挥着重要作用。

近年来人气颇高的水上巴士观光游就是始于隅田川上游，依次经过相生桥、永代桥、清洲桥（图93）、藏前桥、驹形桥、言问桥；或是乘坐小船，转向神田川；我们会看到一个接一个纤细的悬拉桥。一旦我们进入日本桥川，就会看到许多有着厚重钢筋混凝土拱的大桥。相比之下，在江东、隅田川地区很少有拱桥，那里桥梁的主导类型是悬挑式。人们在这些大桥的设计上倾注了诸多创新的努力，使它们成为东京地区整体设计的一部分。[6]

这些桥梁之中的杰作当属圣桥了。这是一座由当时新锐建筑师山田守（译者注：日本早期现代主义先驱建筑师，1894~1966年）创新设计的现代式钢筋混凝土桥。此桥仅用单拱一跨就凌驾在郁郁葱葱的御茶水峡谷之上，造型非常优美动人（图94）。"圣桥"的名字来自公开的征名比赛，原因是这座桥连接了两处圣地——北侧的汤岛圣堂与南侧的圣尼古拉大教堂。

东京被保留下来的桥梁数量惊人。这些桥最初并不是为桥上的行人设计

[图93] [上] 清洲桥
[图94] [下] 圣桥

的，而是为了给在运河里乘船的人观看。不幸的是运河里的泛舟活动几乎停止，绝大多数桥梁都被高速路挤压得空间狭小（图95）。结果，人们也就很少能留意到这些桥梁的精彩设计了。

过去，桥梁并不仅仅联系着两岸，它们还是交通的节点。当人们会聚在桥头时，这些地方不可避免地会热闹非凡。在江户时期，像两国桥、筋违桥这样的大桥脚下，都是用于预防控制火灾蔓延的开敞空间。茶屋和戏棚在附近落户后，这些开敞空间就成了公共广场。在日本，自古以来，河岸都是水上人家和游民聚居的地方，那里往往是城中少数无人管理的场所，也就为露天演出和广场的出现打下了基础。

这类城市空间的意义是不会在一夜之间就发生改变的；的确，震后东京出现的绝大多数广场似的空间都位于城市的"桥头"。这些场所在向管理化空间转变的过程中或许已经丧失了最初与河岸有关的各种意义，比如浪漫的怀旧和颓废情绪，但是这些桥头空间为试图打造新的城市美的城市设计提供了完美的场合。

作为对德国的效仿，"广场"的概念被引入日本是大正年间（1910年代）的事情，而真正生根则已经是关东大地震（1923年）之后的事了。最终，西洋意义的广场也不曾在日本出现过，这类场所几乎全部都是城市里大桥桥头的"交通广场"。

东京灾后重建计划最突出的成绩要算是给这座城市植树了。街道两旁的行道树在这一时期全面登场。绿化的主要场所毫无悬念都是那些遍布下町的桥头广场（图96）。

在桥梁建设或修筑期间，这些地方担负着装卸堆放场地的功能。亦如它们在江户时期所发挥的职能，这些地方兼具防火隔离带（火除地）之用。与此同时，它们也被当成是塑造城市环境和城市景观的重要空间。用树木把

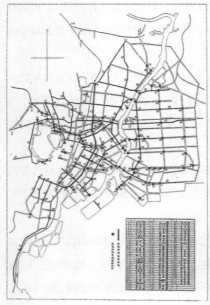

［图97］江户桥的桥头广场

［图片来源：《首都复兴事业志》］

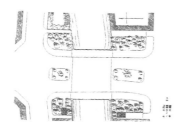

开敞空间包围起来，就像在永代桥边那样；这样的做法既好看，又有利于心灵。

然而，今天的人却未必知道这些桥头广场的存在，尽管它们在形式上有些更新。在跨越神田川的柳桥和万世桥之间行走，我们就会注意到这两座桥的四个桥头地带都是开敞空间，多数用于儿童游戏场地。我们通常会在这里发现柳树以及可能来自江户时代的某些残迹。桥的护栏和广场上的扶手，在设计上是一致的，尽管桥梁和广场分属不同的部门管辖。这些打破了僵化的行政归属关系的设计提供了城市设计的优秀范例（图97）。

因为灾后重建的城市规划格外重视桥梁以及桥头广场的建设，我们能够感觉到这座城市的滨水地带充溢着某种"意义感"。这种"意义感"超越了简单的功能，来自对江户时代历史的"记忆"。

作为城市新面貌的参照物，这些地带发挥了日本人所特有的对水的神奇敏感力。我们在旧日那些描绘这座城市内部的浮世绘上就会发现这种敏感力的明证。那些浮世绘无一例外地会以某种方式将水岸景观结合进画面。同样的话放在现代也成立。正是沿着滨水地带，早期现代建筑不可思议的优秀实例首先在那里出现。无疑，水体会向设计者施加影响，激发他们的创造力。正如在妇女们的眼中，这类城市景观越是成为被观赏的对象，它们的美感就会越强烈。同理，一旦市民和建筑师们冷落了这些地带，滨水城市景观也很快就会变成眼中钉。

在东京的各种场所中，水岸地带是最经常被人观赏的地方。不管是从船上还是桥上，人们都有机会沿着水体看建筑。水岸，特别是桥头，有着这座城市最为开阔的空间，甚至能提供足够的距离去看建筑的全貌。这类场合也就很容易激发出建筑师的创作欲望。

让我们熟悉一下这个时期几个最为优秀的建筑作品及其周围的广场吧。许多读者也许还记得日本桥桥头那栋上面有着一个引人注目的穹隆的砖构建筑（这栋建筑的建造时间实际上略微早些）。这是由辰野金吾设计、于大正元年（1912年）建成的大荣大楼（之前的帝国制麻公司，图98）。这栋建筑与水岸环境密切结合在一起。它面向大桥的一侧有一个塔楼般的楼梯井，这也是建筑外形上的重点部位。从螺旋楼梯的顶窗可以看到日本桥的雄姿；略微朝下看，则可以看到河面。再向下看，戏剧性的空间呈现会让观者几乎被水体所吞噬；人们仿佛可以听到窗下威尼斯船夫的歌声。日本桥是妻木赖黄设计，于明治四十三年（1910年）建成的；辰野今吾与这座名桥也结下了不解之缘，在岸边设计了他的建筑。

日本桥桥边的这几栋建筑的先后建设很快就创造出精彩的滨水公共空间。首先，在明治四十三年（1910年），日本桥落成。这是由妻木赖黄设计和建造的永久性石头桥。它的飞拱、精雕细刻的汽灯，在东京的中心地带镌刻出美丽的形象。仿佛是作为回应，一系列著名建筑涌现了出来，每一座都展示出自己的形式美：村井银行［后来的东海银行，明治四十三年（1910年）］、帝国制麻［现在的大荣大楼，大正元年（1912年）］、国分商店［大正四年（1915年）］、野村大楼［昭和四年（1929年）］。

[图99] 三菱仓库，从陆地与水岸视角看去的效果

[上图为现在；下图为昭和初期（1920年代末期），前景建筑为东京证券交易所]

这些桥头建筑的高度和体量都与我们之前在日本城市里所见到的情形不同。当这些砖造和石造建筑给开敞的桥头地带带来某种永久性的意象后，一种具有实体感的外部世界才在东京首次出现了。在此之前都只是些最典型的日本式场所的桥头空间被转化成了西欧近代城市广场的姿态。

顺着日本桥往下走（这一段水面，如今不幸地处于东京奥运会刚建成不久的高架桥下），在江户桥头，矗立着一栋造型独特的建筑，它就是三菱仓库［昭和五年（1930年），图99］。这块基地自江户时代起就是一处活动密集地带；在现代时期，那里成了令人印象深刻的公共中心。占据基地一角的日本桥邮局代表着日本邮政体系发展的起点。

今天的江户桥因为按照灾后重建计划铺设了昭和通，就从它原来的位置向上游移动了90米。完成于昭和二年（1927年）的江户桥，它的现代式设计在灾后重建的大桥里是突出的。从这里的仓库和邮局开始，很快，现代建筑就沿着江户桥陆续出现，直至包围了广场空间。这一地区的植树活动先是在昭和通上快速进行，最终形成了一个拥有丰富绿色植被的公共广场。

赫然耸立在这一地段上的三菱仓库有着两种表情。其一是面向陆地一侧的开敞空间，创造出一个圆弧形转角；它拥有当时流行的斜向入口的摩登样式。其二是面水的，充分利用了运河转弯处的优势；占有一处超大视角的优美的户外风景。这栋建筑给人的印象仿若漂在水上的船，屋顶上的塔楼就像风帆。作为一座仓库，它面水一侧的一层允许船只直接停泊，就像运河旁的码头一般。通过在建筑中结合了江户以降从未中断的江户桥滨水功能，这栋建筑展示了典型的昭和初期（1920年代末期）近代建筑的精巧布局。

这里原本就是江户时代以来，日本桥川中最美的地点。明治时期，当时有名的威尼斯哥特样式的涉荣邸就展现出面向水面的华丽姿态了。就这样，

[图100] 东京证券交易所平面图

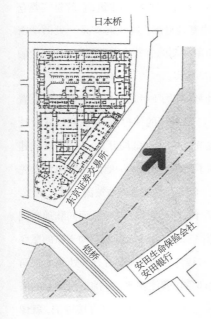

日本桥

东京证券交易所

铠桥

安田生命保险会社
安田银行

在优美的环境中，竞相涌现的优美建筑物，如锦上添花一般不断地塑造出令人心旷神怡的城市景观。东京的水岸，特别是桥头空间，是其代表。

我们从日本桥川下穿过，接着来到铠桥边。这里耸立着昭和二年（1927年）由横河民辅（译者注：日本明治至昭和时期的建筑师、实业家，横河电机的创始人，1864～1965年）设计的东京证券交易所那具有象征性的形体。遗憾的是，最近由于需要重建，原来的建筑被拆除了。如果我们把证券交易所与桥的平面结合起来看的话，就会明白桥边的锐角地块以及与之相应的、经过缜密计算的精巧设计了（图100）。也就是说，具有古典样式的这座建筑，在面向桥头的端部设置了带有穹隆的圆筒体，从而使它在面对水岸广场方向具有了象征性的地标形象。并且，桥边的道路所呈现的曲折形布置，更将这种形态在视觉上加以强化。特别是对于从水面上泛舟经过的人而言，这座建筑给他们的印象异常壮观。在这里，水岸、桥、桥头广场，以及在那里出现的建筑被作为整体来处理。它们共同将东京的城市空间变得富于魅力。

这样，我们就会看到，沿着东京的中央运河巡行，带来了各种各样的新发现。从不同的视角去看这座城市所获得的愉悦感是特别强烈的。当我们从高架桥的下面乘船开始寻找已经被隐藏很久的水体与陆地的联系时，我们也就理解了所谓探秘的乐趣。通过从我们的视野中过滤掉头顶上方的高架桥以及"刀片般笔直"的两侧堤岸，我们自己可以想象原来的水岸风景。当我们在这里和那里发现神奇的早期现代建筑和桥头广场时，我们就会发觉老东京竟然并未被完全丢弃。

从大正后期到昭和初期，对于由大正的"民主主义"触发的独特的现代主义所产生的城市形态的调查得出了一个新发现。自明治以来，通过效仿和学习，逐渐掌握了西洋建筑技术的日本建筑师和建造者们已经不再把他们的注意力仅仅局限于单体建筑，而是延伸到了周围的街道和公共空间。一种城市设计的认识已经开始生根。

这些城市形态也清晰呈现了那些当代建筑设计参与者们对于方法论的思考。根据现代建筑理论，城郊的基地不受周围条件的约束，因此是完全自由的，构成了一处理想化的场所。相比之下，今天的建筑师则更为关心"文脉"，关心适于某个场所的设计应该与既有的城市文脉形成密切互动。诸多在大正晚期、昭和初期建造的建筑似乎都预演了这样的观点，它们都熟练地展示了利用地点的设计，并有助于城市空间的创造。

明治时期的洋风建筑倾向于张扬地自成一体，与其周围的一排排传统仓库建筑毫无呼应关系。但在随后的这个阶段，当整个地区都被现代化之后，形成了城市背景，建筑设计也就持续照顾到与街道和广场这些外部空间要素的互动了。随着城市建设活动的加大，人们的城市意识也增强了；作为市民友好型街区名片的城市空间随处可见。

特别是在东京的下町区，也就是在自江户以来作为"水城"的那部分城区，甚至在昭和金融危机期间（1930年代），那些优秀建筑仍在往靠近桥头的地方集中，好像是要捕捉这些地方的故事似地。结果，正如我们所见，就形成了"桥头广场"。在这些广场地带，运河是跟随地形走势蜿蜒流淌的，道路从各个方向会聚到一起；任何基于规则网格模式生成的城市建筑都会在一个不规则地块中显得突兀。当众多造型富于创意的重要建筑沿着水岸出现时，它们也就把这类城市背景转化成为优势了。

从这个角度看，东京最杰出的建筑当属数寄屋桥周围的城市空间了（图101～图103）。在关东大地震后的10年间，代表着这一时期最具创意的优秀建筑，从"分离派"建筑（译者注：即被日本建筑师引入并发展了的维也纳分离派建筑）到近似"国际式建筑"的建筑（译者注："国际式建筑"是指1932年以"现代建筑"美国巡展为契机总结出来的简单化定义的现代建筑），都沿着运河陆续登场了。面对桥头广场的有朝日新闻社大楼和日剧大楼。它们的背后矗立着邦乐座剧场。桥对面，在一处小公园旁边，是（仍然存在的）泰明小学。这些建筑组合在一起，共同构建了一处完美的城市空间。这些经受了现代主义洗礼的建筑并不炫耀某种强烈的个体纪念碑性，而是似乎在一处作为整体的地点上强化作为城市空间的广场的集体效应。

最先登场的邦乐座（大正末年）因其一流的剧场设施而闻名，此时也正是电影工业的繁盛期。它地处外濠的转弯处，其富于节奏感的柱子和拱廊

［图101］［上］昭和初期（1920年代末期）的数寄屋桥与朝日新闻社

［图102］［中］昭和初期数寄屋桥周围的城市空间

　　　　　　　［图片来源：《街景　明治大正昭和》］

［图103］［下］昭和初期的数寄屋桥及其周围城市空间总平面图

都与水岸环境配合得天衣无缝。接着出现的是朝日新闻社大楼［昭和二年（1927年）］。就像我们之前描述过的东京证券交易市场那样，这栋建筑的设计利用了水岸地块不规则的条件，创造出一种独特的建筑形式——其造型的设计模仿了一艘航行在海上的商船。桥南的泰明小学是昭和四年（1929年）竣工的。它向广场以及水岸展示着优美的流线形。因为灾后重建政策提倡把对城市中心居民来说十分重要的设施复合化，这所小学也就被与其边上的数寄屋桥公园组合到了一起。它的设计充分利用了位于桥边的狭窄三角形地块的条件。最后出现的则是位于广场北侧的日剧大楼［昭和八年（1933年）］。日剧大楼在桥头广场的设计中扮演了十分重要的角色。这栋马蹄形建筑的立面贴的是纯白色瓷砖，这就让它在整个银座作为一个醒目、放光的标志物突显了出来。

这种对于人们的心境具有强大感染力的水面，不正是由"文脉主义"塑造的数寄屋桥周边的城市空间吗！它以自己的方式，将在这座城市的生活中扮演如此核心角色的水体结合进来。例如战后，菊田一夫（译者注：日本剧编剧、制作人，1908～1973年）制作的流行广播剧《你的名字》，就从另一个侧面证明了数寄屋桥对于东京人来说意味着东京的一副面孔。

想要解释数寄屋桥桥头广场的重要作用，我们必须记得国铁的电动火车是经过这个地区并在有乐町设车站的。数寄屋桥不只占据了水岸，也受惠于现代交通的便利，很难想象还有比这更理想的交通条件了。随着运河蜕变为高速路和购物中心，水体早就在数寄屋桥头现代风格的广场上消失了；但是数寄屋桥的桥头广场仍然是这座城市几个公共广场之一，一直保持着它的这一角色。

自战后以来被人们久已忘却的城市水岸空间被今天的人们再度关注，并试图对其价值做出新的评价，那么对于从大正末到昭和初这段不长的时间里硕果累累的水岸空间城市设计，以及对近代建筑出现方式的解读，必将带来极大的启示。

街角的广场

在从明治时期的国家性设计转向大正、昭和初期面向市民开发的过程中，开敞空间，特别是广场，作为城市的标志受到了重视。如前所述，西欧"广场"的概念是在大正年间被引入日本的，那也正是人们探索日本城市空间需求的时期。

其实，广场的概念是在关东大地震（1923年）之后与灾后重建结合到一起的。然而，最终我们在西欧城市里所能见到的标志性公共广场并没有在日本得以实现；而在东京出现的此类空间，无一例外都属于"交通广场"的范畴，包括桥头的那些广场。

对于东京来说，大正、昭和初期乃是东京城市结构和交通体系的转型期。随着城市有轨电车、小汽车、公共巴士以及铁路的出现，引发了这座城市从面"水"到面向"陆地"的转型，这就对城市空间的界定产生了深刻影响。那些能够代表城市身份的新的城市空间，不只出现在了桥头，也出现在陆地，也就是所谓的"交叉口广场"。

如我们在前一章所见，随着马车和有轨电车在明治时期的出现，东京的交叉路口获得了作为交通节点的重要性。东京人通过在转角地块给建筑加盖塔楼或穹隆，开始让街角成为当代城市景观里的亮点。在这些城市景观亮点的设计上，还要加上公共广场的形象。虽然这些广场有着明晰的西洋式模样，但却并没有对网格式街道这种典型的东京城市结构做出本质性改变。这些广场都是些"疑似广场"；它们的出现，带来了新的氛围。因为把西洋设计手法整合到自江户一直延续至今的日本城市文脉之中,也就催生了对于日本来说全新的独特广场空间。

就像桥头广场一样,街角广场并不仅仅是为了处理交通流量而设计的。它们作为人们社会生活的中心以及对西欧公共广场的渴望,创造出了一种独特的城市美学。这些交通节点超越了其仅仅作为功能性空间的存在,变成了被居民们认可作为他们城市面孔的场所。

正是在这样的语境中,今天常用的"街角"一词诞生了。在这期间,有轨电车以及稍后的小汽车开始出现在了城市的街道上。出于安全考虑,"街角"通常需要被切掉一块,以便保证人们在交叉口上的可视性。德国文献已经表明,这样的改动就会产生交叉路口的广场。

虽然之前日本已经有了切转角的实例,但是如何切的问题却完全留给设计师凭直觉去处理了。不过,大正八年(1919年)三月,警视厅在陆军士官学校的校园内进行的一次消防车实地演习,对如何切街角给出了量化数据,这也成了切转角的标准设计要求。

自关东大地震之后,地块调整带来了系统规划街道和建筑的方法的制度化。在那些新拓宽的街道交叉口上,四个转角都是按照规划要求切过的,从而创造出相当宽敞的疑似广场空间。这些有着良好视野的转角位置成了有着杰出创意的建筑出没的地点。艺术装饰风(Art Deco)以及其他现代式的时尚商业建筑正是这一时期流行的东西。

还有,有轨电车车站为了便于人们换乘,通常都设于交叉口处,这里也就总是挤满了人。已故的美国驻日本大使赖肖尔(Edwin Reischauer)就曾在一档电视节目上回顾战前东京时说:"交叉路口正是这座城市各条街道的表情"。

如果我们行走在未被战争摧毁的下町地带,我们就会经过许多带有当

时街角时尚氛围的交叉口。人形町交叉口就是其中一个典型的例子（图104）。在并无西洋式公共广场的东京，这类街角成了它们的替代品，不仅具有独特的日本味道，还是市民交流的重要场所。

街角设计的技术并不仅仅被用在遍布着店铺和办公楼的繁华商业地带，它也被用到了城市各处的街角地带，特别是那些作为灾后重建计划一部分的学校和公园。在学校建筑中，旧制高中的主入口是设在地块转角处的，沿着地块的斜向轴线，建筑呈对称式布局。这样的做法已经成了平常现象。我们在灾后由东京营缮课设计的重建小学的建筑布局中就能看到类似的形构。

位于下町中心的十思小学［大正十四年（1925年）前后］就是这样的精彩实例（图105）。该小学建在小传马町一所监狱的旧址上。学校和边上的小公园都是灾后按照新的设计模式重建的。它的设计超越了当时一般意义上的学校设计，试图在校内和校外公共空间之间建立起某种积极的联系。在此我们可以辨识出今天被称之为"城市设计"的认识。在当时，为了创造一处有益健康和卫生的环境，规划师们通常会把小学主楼放到基地北侧，在主楼南侧设置一块大操场。然而，在这里，被首要考虑的对象是下町，是为这一地区塑造易于辨识的"面孔"的需要。设计也就打破了标准模式，把学

[图105] 现在的十思小学

校建筑挪到了基地南侧，靠近边上的街道。在其东南转角上，设计师考虑到那个位置能把学校与周围环境联系起来的重要性，设计了一道漂亮的弧形外墙，突出了进入学校的正面门厅。在从正面门厅延伸出去的轴线上，有一个中等规模的转角广场；二者一起创造了这个形式极富特点的场所。我们从转角处沿着斜向道路进入校园，然后就看到U字形的学校大楼围绕着一个紧凑的内院。这是市中心小学的典型形构。

这类斜向面对街角的设计的确在有着网格街道和独特梁柱结构木构建筑的日本城市设计里算是非常不同寻常的实例。正因为如此，日本人才会把自巴洛克时代出现在欧洲城市形态中最为典型的组成——放射线和斜线——当作是创造城市美的根本。似乎这时，日本人已经了解了始于16世纪罗马波波洛广场的城市规划谱系；跟着是凡尔赛宫花园（1665年），伦敦规划（1667年），卡尔斯鲁厄规划（Karlsruhe）（1712年），柏林规划（1738年），华盛顿规划（1791年），以及奥斯曼的巴黎改造计划（1867年）。

实际上，据说效仿奥斯曼巴黎改造计划的东京街道重建规划在本质上意味着对之前城下町防御功能的消除，以及对于既有城市街道的拓宽和改善。简言之，它让东京跟上了新时代的步伐。恩德和伯克曼为东京行政中心所做的有着宏大尺度的巴洛克风格的城市更新计划，最终并没有被完全实施。即便是大地震之后的多数地块调整，也并没有强迫采取西洋式的城市更新方式，将对角线和放射线状的街道强加到东京身上。那些日本建筑师和城市规划师研究过的西洋城市设计手段——对角线和放射线，主要是以浓缩的形式被运用到了街道转角处。在那里，这些手段带来了一种特别的日本城市设计。

另一方面，尽管规模有限，人们还是喜欢在独立于周围城市建筑的公园设计中，自由地采用基于斜线的模本。在那些建于这一时期的小公园中，基地一半以上的用地都被一块"自由广场"所占据。这些自由广场展示出一条明晰的轴线，体现出现代主义对称而又几何化的设计（图106）。当基地狭窄时，轴线一般都是斜向的，结果就产生了传统日本设计模式中从未有过的大胆而又有趣的效果。不管规模大小，诸多公园的入口都被设置在地块的转角处，好让人们从街角进入园内。

还有，大正中期以降，那些自明治以来就围绕在大学周围建造的诸多下宿屋（译者注：即宿舍）和公寓，也开始强调转角入口。这也催生了一种特殊的街角景观。早稻田大学边上两层的木构泥灰下宿屋——"日本馆"——就是一个很好的例子。它一方面有着典型的中庭形式，另一方面又有意识地运用了当时最流行的手法——转角地块上的形构方法（图107）。而借灾后为市民提供公共住宅的契机建造的同润会公寓（位于江东的清砂通）则是另外一例。在这里，我们会发现，正面入口门厅的塔楼部分被放到了靠近道路交叉口的位置。这种形构中街道转角的意识是十分明显的。

我们开始注意到以对角线为导向的造型方式被当成了现代主义（Modernism）的象征。在这一时期，人们对于西洋建筑和城市设计的手段有了更深的理解，这也提升了日本城市建设的标准。由此，终于可以在日本

[图106] [上] 常盘公园平面图 [图片来源：《公园导览》]
[图107] [下] 日本馆平面图 [图片来源：重村力提供]

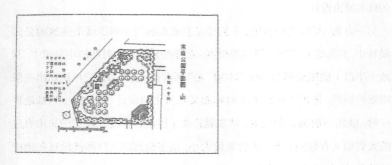

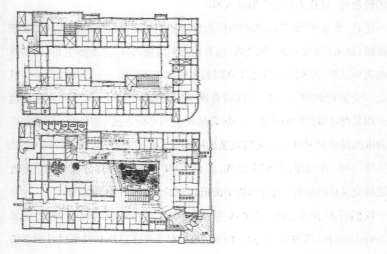

城市的文脉中打造象征城市的空间了。此类街角设计成了灾后重建时期常用的建筑设计手段，这座城市的各个角落都产生了广场式的空间，也为这座城市带来了新的活力。这些年出现的城市结构为我们所熟悉的今日东京制造了原型。例如，看一看我们都很熟悉的位于银座三爱和索尼大楼前的那片广场般的空间，想一想它们作为相遇场所的角色。近来，随着人们开始关心城市空间和町区，我们发现利用街角建造标志性建筑的做法又出现在许多实例中了。

站前广场的出现

当东京在昭和初期（1920年代末期）朝着"陆地"城市转型的时候，灾后重建的区划调整带来了越来越多的交通性道路以及旧有道路的拓宽。交通性广场出现在了某种主路的交叉口上。每个广场的命名都来自公众征募活动：上野广场、驹形广场（驹形桥西头）、和泉广场（和泉桥南头）、柳广场（浅草桥南头）、巽广场（黑龟桥附近）、丸之内广场、万世之辻广场（万世桥附近）、江户之辻广场（千代田桥附近）、桢之辻广场、歌舞伎之辻广场（三原桥附近）等。这些广场和交叉口的规划师们不仅照顾到了对日益增加的道路交通流量的疏导，也照顾到了美观。他们在安全地带大量植树；在某些地点，修建了风格化的藤架作为休息区；并为从各个方向会聚到广场的有轨电车搭建了站台。这些地方看上去人很多，但毕竟都是为了适应交通需要而设置的，一般都很巨大；所以市民们常常觉得很难在这样的地方发展出像对街角广场那样的熟悉感。

在此值得注意的是，绝大多数这些广场和交叉口，作为新时代陆路交通的标志，实际上多处在城市桥梁的附近。例如，随着平行于神田川的新路建成, 和泉广场、柳广场、万世之过广场这些城市空间就马上成了旧日桥头广场的"陆地"版。此类空间也正是这一时期东京从面"水"向"陆地"转型过程的产物。

此外, 在东京随着从水面的"船"到陆地的"铁路", 交通方式发生了极大的转变。在这些广场当中, 上野广场和丸之内广场(东京站前)也象征性地表达了这种转变。然而, 尽管东京的城市结构也没有发生突然的转变。城市里的主要火车站却几乎都建于运河或河岸沿线, 因此同水路交通联系了起来。特别是货运站, 需要与水运保持密切联系。我们发现, 多数货运站, 比如秋叶原、饭田町、汐留、两国、锦丝町站, 都建在重要的河岸边。[7]

东京第一个真正意义上的站前广场是沿着自江户时代就一直重要的神田川建设的。这个于明治四十四年(1911年)建成的万世桥站前广场地处八小路, 此处也正是水路与陆路交通的节点。这个广场也仅仅为交通提供了一个节点而已, 广场中央立了一尊广濑中佐的铜像。万世桥广场作为东京的新地标很受大众欢迎。

在东京由水路转向陆路发展的这一过程中, 令人印象最为深刻的是由铁道省工务局建筑课设计、于昭和六年(1931年)12月竣工的上野站。它被认为是整个东亚最早出现的现代建筑实例(图108)。设计者对于经过广场的人流和车流给予了足够的重视, 以便疏导电车、地铁、机动车给这里带来的巨大的交通流量。设计者运用上下两层的立体交通系统将进入车站的小汽车分离出去, 这样的功能性考虑又结合进了具有新的城市美的设计; 人们在此会感受到某种在战前日本车站广场建设中完全没有的思考水平。

这一时期, 东京正在朝着西方式的郊区化方向快速发展。这一过程也带来了跟私营铁路线合并之后的车站, 比如新宿、涩谷、池袋站。伴随着这些地带, 在昭和十年(1935年)前后出现了站前广场, 近代东京的城市构成进

[图108] 上野广场完成效果图

入了一个崭新的阶段。

作为"社会中心"的小公园

从大正后期到昭和初期（1920年代），"公园"获得了与"广场"起码是同等重要的地位。特别值得一提的是小公园，它们作为灾后重建计划的一部分出现在了遍布东京的52个地点。这些小公园清晰地体现着要把灾后的下町生活重新带入正轨的行政措施。

这些小公园最突出的特征在于它们与小学毗邻的位置；在设计上，这些公园是与学校作为一个统一单元一起设计的。这些小公园有效地为东京的高密度地区植入了开敞空间，提供了紧急避难的场所。还有，因为小学的校园面积十分局促，学校也就可以借用这些公园作为游戏场地的延伸；特别是在周末，这些小公园都成了儿童运动的场地。在节假日、在平时的早晨和傍晚，普通市民也可以到这些公园里来散步或休闲。在高度城市化的今天，如何将地方性的公共设施整合起来成了行政事务的重中之重；而在半个多世纪前的这一时期就已经有了如此惊人的远见。当时的人们不仅如此积极地解决了这一难题，而且取得了令人印象深刻的成果。

这些小公园与如今的大多数公园不同，特别是与今天的儿童公园不同，因为这些公园主要是作为广场来设计的。它们在名义上或许可以叫作公园，但其性质与西洋的城市广场非常近似。大约30%～40%的用地是树木园和花卉园，10%的土地是儿童游戏场地，剩下的（也是其中最大的一部分）是公共广场。这个场地被称作"自由广场"，也就是多功能城市空间。它不仅仅被作为普通市民的日常休闲之用，还可以被当作集会、演讲、音乐会等其他公共活动的场所。

而这类小公园的设计思想是从以芝加哥为中心的美国引进的。城市规划师石原宪治（译者注：日本城市规划学家，1895～1984年）说：在美国，地方性的公共广场是与"用作教育、休闲、社交设施的建筑和用地结合在一起的"。这一做法的引入反映了大正民主时期城市思想的理想化氛围。石原补充说，美国学校和社区中心也曾被积极地用以促进市民的政治意识和城市精神的发展。[8]

这种将小学和小公园结合起来设计的做法效仿的是芝加哥的先例。大正六年（1917年），西芝加哥公园委员会接到了某个开发得拥挤不堪的公园的扩建申请，而公园对面的小学也面临同样的问题。于是，委员会就建议两家联合起来，提交一个可以同时解决两者需求的提案，这就是这种做法的缘起。在那时的美国，学校是归一个城市部门管理，公园则隶属于另一个部门。因为有了这个先例，很快，二者相结合的模式就传播开来。我认为，芝加哥模式是由造园家折下吉延于1923年关东大地震之前引入日本的，[9]那时，在东京创建小公园的计划就已经出现。紧接着，发生了关东大地震。在灾后重建计划中，那52个小公园的建设被当成了头等大事。昭和五年（1930年）时，这一目标终于得以实现。

对小公园的强烈需求不可避免地伴随着城市化进程而出现。当城市人口集中起来，每个家庭就无法再保持一家一院的状态；因为有了汽车和自行车，儿童就不再能够安全地在街上玩耍。于是，对城市居民们来说，小公园作为一个共同的院子，就变得不可或缺了。

这类公园的出现是跟东京从江户那里继承下来的城市结构的改变有关的。昔日，遍布于下町区里的街巷既是儿童便利的游戏场地，又是近邻彼此交往的场所。但灾后的城市改造以防灾的名义把这些场所给消灭了。当居民们抵制新规划时，内务省则苦口婆心地劝说地方百姓去接受它们。政府张贴了大量标语，宣传传统的里巷是多么不现代、不卫生，并且危险；简言之，它已经完全无法适应当代城市生活。于是，为了替代传统意义上的集体空间，也就是下町区的里巷和小路，运用近代设计手法打造的地方性小公园就出现了。

现代主义的城市规划包含着对过去的根本性否定。当时记录小公园使用状况的照片都特别痴迷于强调小公园高度自觉的创新设计与游戏场地里儿童身上的旧装扮之间的反差（图109）。居民们用自己的方式使用着这些户外城市空间。他们的这种行为也见证着自江户以来，当政者在"城市化生活"的名义下，对下町百姓的城市生活意识以及他们深厚的人际关系的默许。我们在看到了对欧美新思想的积极整合的同时，也看到市民当中出现的对维系他们社会关系的日益强烈的关心与渴望。这种大正末年、昭和初年（1920年代）所特有的新旧元素的幸运碰撞，让那种在现代日本历史中都很难再复制的公共城市空间创造，成为了可能（图110）。

这些小公园并不一定非得按照设计者的设计意图被使用。例如，在某些情况下，当地居民每个早晨都会利用公厕里的设施洗脸、大小便。在当时，这些公厕的干净和舒适程度非寻常人家可比。昭和五年（1930年）的萧条时期, 流浪汉和失业者聚居到了公厕。我们可以读到, 当时具有进步头脑的公园管理者曾拿这一点作为证据, 说明这些小公园已经变成了地方性的公共广场。这一举动说明他们是认可人们对公厕的这种使用的。

让我们再看看这些小公园所运用的崭新的造型手法吧。幸运的是, 这些创意形式的详细构成都能从当时东京市政厅刊发的《公园导览》中找到(图111)。

贯穿始终的设计基本方针就是规划师不应坚持传统的造园样式, 也不该简单效仿外国模式。虽说在公园的组成要素和它们在整体中所占的比例方面具有一般性规则; 但这些规则却并不是要在城市设施身上强加一套标准设计, 不然的话, 就限制了设计师发挥的自由。每一个小公园的原初设计都应该源自发掘其地点的特殊性。各种条件, 诸如地块形状、道路形构, 比如山手地带的地貌特点, 都是设计可以挖掘的东西, 都可以运用巧妙的设计手段去阐释。这样灵活的设计态度多少体现了传统日本造园的方式。

在这些公园里, 最突出的要素要数自由广场了。这类自由广场都是沿着一条清晰的轴线对称设计的, 展示着典型的摩登几何形态。还有, 在地块狭窄的情况下, 这条轴线通常都是地块的对角线, 从而产生了日本的传统设计手法所无法获得的直白而迷人的形式。

在广场正面的中央, 会设置一个平台, 上面通常会出现藤架围起的亭子(圆亭), 这就构成了公园景致的核心。这样的格局也很容易让这里成为一个舞台, 供公共集会或演出时使用。

公园的一角总是专属的儿童游戏场地。这也是我们今天所见的各种游戏设施和儿童公园的原型。其中特别出彩的是对称设计的一边一个沙坑的滑梯。不过, 与今天的公园不同, 这类配置了游戏设施的儿童游戏场地, 明确地扮演着整个公园的附属性角色, 它的周围环绕着满是树木的空间。

［图109］［上］1925年时小公园的情形 ［图片来源：《首都复兴史》］

［图110］［中］如今保留下来的小公园——十思公园

［图111］［下］蛎壳町公园平面图 ［图片来源：《公园导览》］

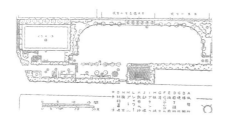

[图112] 元町公园平面图 [图片来源:《公园导览》]

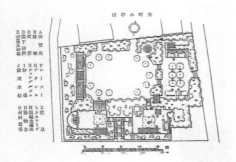

　　处在边角地带的空间多有树木形成的绿带, 偶尔设有长椅, 中间或有小路穿过。在日益被钢筋混凝土覆盖的东京, 这点保留下来的绿化变得格外宝贵。在下町区行走时, 人们会感到几乎所有的绿地都集中到了灾后重建的这些小公园里。

　　这些灾后重建的小公园并不仅仅出现在下町区, 它们也遍布历史悠久的山手地带。位于文京区沿外濠的元町公园就特别值得一提 (图112)。这个公园沿着一面绿色的山坡被分成了三个水平层。它对台阶大胆的使用创造出非比寻常的氛围。这是一处迷人的场所, 尽管多少有些巴洛克, 这个公园还是展示了日本人特有的尺度感——那种对于贴切形式的感觉, 以及在布置空间时的谦逊态度。首先, 公园正面对于大门、台阶和龛的使用就很精彩, 沿路制造了某种空间感。顺着台阶上来, 我们会发现右侧是一处儿童游戏场, 左侧是一小型自由广场。在广场那一侧, 有部类似巴塞罗那奎尔公园 (Parque Guell) 里高迪 (Antoni Gaudi) 式的流线型楼梯, 通往中央非常开敞的自由广场。在西侧, 也就是左首边近前方的中央, 有一个带有亭子的舞台, 亭子两边按照通行做法各有藤架衬托。在自由广场的东侧, 稍低一些的地面上是另一处儿童游戏场。这个公园的北边是学校，于是在这里设计了一个自由广场，这个公园也就展示了理想化的形构。精彩地实现了整体化设计的元町公园，一直保留着它原初的格局；正是这一佳作，向生活在今天的我们传递着它诞生时期的现代主义氛围。

在如此短暂的时间里，有那么多设计精彩的小公园出现，还要归功于时任东京市公园课课长的井下清（译者注：日本造园家，曾长期担任东京市公园课课长，1884～1973年）的大力推进。井下清于明治三十八年（1905年）毕业于东京高等农业学校（现为东京农业大学）。一毕业，他就在东京市政厅谋到了职位。在他的权责、能力所及范围内，井下清培养了一批年轻的景观规划师，并把自己奉献给了公园建设的伟大事业。[10]就像这个实例所体现的那样，一处良好的城市环境的产生需要行政部门内部富有才华的规划师和设计师的存在。

然而，这些小公园的创造并没有止步于作为好看之"物"的存在。当小公园建成后，一个管理与使用这些公园的核心"主体"也随之诞生了。这是一种跟今天不太相同的态度；因为在今天，公园设施本身就是建造的目的。

从大正时期（1910年代）开始，那些试图从启蒙视角寻求解决城市社会问题途径的人已经开始指导儿童游戏了。关东大地震后，刚从美国留学归来的妇女儿童教育者末田益（译者注：日本女性儿童教育家，1886～1953年）带领着东京市公园课以及一批民间志愿者把儿童指导变成了一项事业。地方居民自发形成了所谓"公园爱护会"的组织，帮助巡护、检查、指导、管理这52个小公园的使用；它们的下属也成立了一些儿童组织。就这样，公园成了地方的活动中心；但是，战时的儿童指导活动也可能成为全民动员体系里的一环。[11]

与这些公园组合在一起的小学校都是由东京市营缮课设计的，它们的钢

[图113] 汤岛小学透视图 [图片来源:《公园导览》]

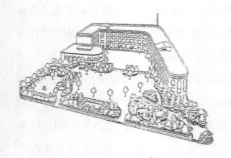

筋混凝土建筑展示了许多优秀的构思。诸多校园建筑因为与边上公园的联系以及与周围城市环境的结合,都成为城市设计的杰作。我们可以从这些打破行政条块、依靠不同部门间通力协作的技术人员的劳动成果中,看到其旨在提升城市环境的努力。

这类设计的压轴之作是位于山手地带与新花公园组合设计的汤岛小学 [建于大正十四年(1925年)前后,现存](图113)。迎合基地形状而变形的这座钢筋混凝土三层校舍,以其讲堂那跃动而优雅的建筑姿态夺人眼球。屋顶上的檐口将整个建筑箍在一起,而贯通了三层立面的柱式则为外墙面赋予轻快的节奏感。最顶层的拱呈现优美的形态。步入三层那些带拱的教室,就像是进入了一个童话和梦想的世界。建筑长长的东翼伸到了公园里,在南端形成了一个简洁漂亮的弧面。然后,在其延长线,也就是公园的东南角上,有一座喷泉,巧妙地利用了地块的这一锐角边缘;公园的入口设在了两侧。这个设计让人想起了罗马的巴洛克城市形态。街道、公园、学校精彩地构成了统一的整体。不幸的是,如今有个餐厅随意地从主楼延伸出来,朝向两侧街道的入口被关闭,喷泉也被拆除了,只有一个部分保留了下来。对于如今的学校主管部门来说,他们似乎早就忘了还曾存在过如此富有创意的城市形态。

战后，校园建筑的标准化进程非常快速，以至于如今到处所见的校园都是千篇一律地单调。而在关东大地震后的东京，曾经出现过精致的小学校园；它们多数都与小公园组合在一起，有着精彩的环境设计。无论在功能上，还是在精神上，这些公园都曾是真正的社区中心（community center）；在被地震破坏的首都，帮助城市街道恢复了活力。

如今，几乎所有的小公园都成了儿童游戏场。那些原本为儿童运动会以及公共集会而设置的"自由广场"已经被游戏设施所取代，原来的设计意图也已被彻底遗忘。这样的变化无疑是人们对儿童公园有着日益增长的需要和持续城市化的结果，也是那种不当地用更多游戏设施去满足人们需要的"设施至上"态度的结果。但是，平时早晚间以及节假日里普通市民使用这些公园的频率急遽下降的事实并非偶然。对于城市居民们来说，晚饭后出去遛弯或是跟朋友在外面闲聊的安抚性愉悦已经完全没有了。而那些灾后重建的诸多小公园可以教给我们的东西，则不仅仅是摩登的造型，还有东京人应该拥有的良好生活。

城市型的公寓（Apartment House）

与西方城市不同，日本过去常常被认为是没有那种人们住在市中心临街或朝向广场的公寓楼里的传统。在巴黎或罗马，即使一层是店铺或办公室，上面的楼层也多是城市居民的公寓；这样的布局正是赋予了城市以鲜活感的东西。以这样的方式，从中世纪开始发展起来的城市生活方式一直沿袭到了今天，使得西方城市里的居民可以享受城市文化。

相比之下，在东京，当城市范围扩大以后，人们就纷纷搬到了郊区，这就使得市中心更加快速地空心化了。除了传统一家一宅带花园的独立式居住方式之外，公寓形式的集合住宅也变得十分普遍。但在战后的日本，"集合住宅"指的通常是人们在郊区看到的体块巨大的一排排大楼，就是人们通常称之为"团地"的居住模式。这样的建筑会整合进绿地空间，享有良好的自然环境，但也会因其自足的方式，在性格上明显是"非城市型"的。

近代的东京似乎已经彻底地失去了它的城市生活感觉了。这里，我们有必要再次回顾大正后期、昭和初期（1920年代）的东京城市建设。

"田园城市"的概念就是在这一时期被从英国引入日本的。人们由此开始关注城郊以及那里植被茂盛的自然环境。我们在回望这段城市史时，很容易就会迷上当时流行的"田园城市""文化村""学园城市"等概念。但是我们不应当忘记，这一时期在本质上正是"城市的时代"。那些有着自身历史的现存城区也感受到了来自欧美概念的冲击。现代公寓住宅的快速建设，缔造了一种新型的城市住宅形式。

这些建筑的设计因为它们所自信展示的城市感常常会令我们吃惊，它们的现代式设计既能跟既有的城市文脉和相邻的町区相结合，又能展现一种新时代的气象。诸多此类建筑在城市复兴中扮演着一定的角色。然而，这类昔日的城市居住形式如今已经被否定，甚至被彻底遗忘。近些年建造的共有公寓完全不会顾及周围环境；实际上，还在破坏它们所处的町区。今天的集合住宅设计水平远没有达到大正末期、昭和初期公寓的环境设计水平。

当城市扩张的脚步放缓时，如今我们又在东京听到希望人们重返城市中心居住的号召。就像在西方那样，为了重建市中心环境、吸引市民回流，政府颁布了"市中心区政策"（Inner City Policy）。在下町水岸地带旧工厂用地上的共有公寓建造进行得热火朝天。东京的城市开发似乎进入了一个新阶段。无疑,当下的这次东京复兴的主题就是把居民吸引到城市中心来。针对这一点,我打算去考察大正末期、昭和初期"城市时代"兴起和发展出来的公寓文化。

这些城市型公寓的先例出自西方,大约在大正年间(1910年代)被介绍到了日本。在一篇写于大正七年(1918年)的论文中,建筑师小野武雄描述了美国的此类住宅。这类建筑位于城市中心区,沿街而建,就是所谓的城市型公寓。小野认为,随着东京现代化进程的深入,必须建设此类公寓。[12]

同样,同时代的建筑师佐野利器(译者注:日本建筑结构学家,建筑结构抗震研究与实践的奠基人,被誉为"日本建筑结构之父",1880~1956年)也认为,如果城市居民能靠近"繁华地带"集中居住的话,会更为便利。他指出,公寓类建筑是实现这种生活方式的理性选择。[13]

在公寓住宅传播过程中扮演着最重要角色的是一个叫作"同润会"的组织。同润会是关东大地震后成立的专为城市居民提供公共住宅的组织。尽管这个组织在城郊地带也建设过独立式住宅,但真正值得我们关注的还是它的公寓住宅。

一提到同润会的公寓,能让人立刻想起的不只是其规划设计和维护管理上的创新,还有他们所重视的社区感、生活感;因为它们有增建、改造的可能;简言之,他们有成熟的环境。[14]这些特征都为今天的规划师提供了诸多学习的范本。这里,我想从这些建筑所营造的城市居住方式的角度去讨论它们。

虽然同润会的公寓楼如今多少都有些老旧,但它们仍在持续发挥着作用,与它们的町区融合在一起,形成了优良的生活环境。在下町的同润会公寓和山手的同润会公寓之间,其规划和形构上的差别是可以预料的,因为它们的建设就是根植于每一个地区的固有性格的。我会特别聚焦于下町地区的同润会公寓。与那些战后建设的公寓楼常常具有的自足性格不同，这些同润会公寓最突出的特征就是它们在规划中照顾到了它们自身跟町区和地域之间的联系。

首先，作为一个实例，让我们去看看位于江东的住利公寓（图114）。这栋公寓沿街的外部乃是下町城市生活的生动体现；一层是店铺，店铺上层是公寓。半个世纪的改造与增建已经彻底将该综合体同化到城市街道当中去了。

在几个隧道般的入口之中选择一个走进去，就进入了中庭。一下子，氛围完全变了。我们发现自己置身于日本城市中很少见到的一处宽敞的内院空间之中，有点类似巴黎17世纪的孚日广场（Place des Vosges）的感觉。整个内院是一个舒服的公园，中央有一排简单的藤架，四周是灌木和树。年轻的母亲和孩子们在儿童公园里聚会，老年人则在兴奋地玩着门球。穿着超短裙的年轻女子们坐在树荫下的长椅上。整个内院的使用方式非常有活力，真正做到了一处共有的空间，反映出自这个内院建成以来各个时代不同的生活方式。在战前的某段时间，内院里曾有一家制作榻榻米的工厂，许多工厂里的工人就住在边上的公寓里。在二战后的昭和三十年前后（1950年代末，1960年代初），也就是这里居民之间的纽带比现在更加牢固的时候；每逢体育运动会和盆舞节，就会吸引居民们踊跃参加，居民们会聚在一起，观看设在内院一角的户外电视。

这一特别的公寓是建在东京城里居住环境出了名恶劣的猿江里町的，在大地震后这里成了危房改造项目的一部分。可以预料，这样的建筑是按照低造价预算简单设计和建造的。在普通的同润会公寓住宅和在战后取代了它们的团地式公寓里，每一栋大楼都在左右两侧各设一个楼梯间。而在这栋公寓楼里，楼梯的数量被减少，每套寓所要从环绕着内院的敞开式外走

［图114］住利公寓外观（上）、内院（下右）、螺旋楼梯（下左）

廊出入。这样的布局赋予了内院以某种非比寻常的平民且喧闹的感觉，就像我们在那不勒斯或南非村镇看到的情形那样。每家每户都在内院晾晒衣被，景象十分壮观，尽管这栋楼的造价很经济，在建筑一角的那个螺旋楼梯还是有着某种令人惊奇的形式。这栋建筑与典型的战后建筑想象力贫乏、把房间机械地塞进大楼、将居住模式标准化的做法，形成了鲜明的对照。我们在它身上可以感受到规划师在共有空间设计上所投入的精力，以及他们想要创造高品质生活空间的愿望。

这些公寓楼也积极地引入了近代设备，很早就安装了抽水马桶以及城市燃气管道，每隔一定距离还设置了上下层连通的垃圾管道。它们在面向内院的立面上形成了竖向设计要素的韵律感。即使在今天，屋顶的公共晾衣台仍在频繁使用中。

建于江东一个交叉口上的清砂通公寓也是这样的城市设计杰作。这栋沿街的公寓楼本身被当成了构成城市空间的重要设计要素；它那地处转角地块的醒目塔楼入口创造了一种标志性的形构。与此同时，在地块内部，这栋建筑是沿着一条对角线上的轴线对称布置的。在建筑的背后是一处内院；从一开始，这个内院就是作为小公园精心设计的。

许多同润会公寓楼采用的布局模式，都是特别适合于城市型集合住宅的；在保证面向城市形成一种良好的生活环境的同时，又能给内部的院落留出足够大的空间。在那时，下町地区一直都是一条条街巷、一排排木屋的世界，这些带有内院的公寓楼给下町的氛围带来了现代气息。

就像我们之前在小公园身上看到的那样，这类共有空间之所以能够被有效利用，它们的户外活动之所以可以延续不断，就是因为它们与下町传统的城市生活保持了联系。尽管在形式上发生了变化，下町街巷中出现的这种共有空间的多样性格传给了它们现代的继承者。

基于欧美公寓模式的同润会公寓制造了一种革命性的生活空间。然而，同润会公寓并不是对外来模式的盲目效仿。诚然，因为当时的设计者还不太熟悉钢筋混凝土结构的建造，导致了梁柱结构布局上的某些不成熟的做法。不过，它们彻底展示出了，或者说是不自觉地展示出了，在处理外部空间和公共领地布局上微妙的日本式敏感。还有，它们多是围绕一个内院布置的巨大综合体，但会细分为诸多更小的便利的居住单元。这样的做法体现出对下町常见的人际关系的考虑。这种围绕内院布置建筑的创新手法很有可能是基于欧洲的集合住宅模式，而不是美国的。但是这类形式之所以能够被引进，并且毫无阻力地被接受，是因为明治末年（1910年代）在本乡和早稻田大学附近建设的旅馆、宿舍中，内院的使用已经是常见的建筑做法了。绝大多数同润会公寓经受住了战争的考验，至今依然状态良好。它们的居民也对这些现代式公寓住宅怀有自豪感。这些公寓真是东京现代史中的亮点之一。

当我们参观这些下町区里的同润会公寓时，最能够吸引我们注意力的就是这些建筑的内部以及内院与居民的日常生活巧妙结合在一起的那些方式，以及这些公寓随着时间的流逝而体面地老去的方式。的确，它们可能都超出了它们的设计者们在这方面的预期。那些遍布一层住户花园和屋顶的盆景或是盆栽植物形成了一处居民自发打造的植物园。尽管很难再将这些建筑恢复到它们原初的状态，但我们会惊喜地看到人们增建和改造这些建筑的不同方式。在许多情况下，要经过每一楼层的居民代表们协商讨论，大家同意之后，才能联合起来对建筑做增建或对内部空间进行翻修。即使这些建筑都是混凝土建筑，它们看上去却都像是活物，与里面居民的日常生活结合在一起。在最近这些年里，在靠近同润会公寓的那些旧工厂地块上，开始出现一些高层公寓。诸多这类高层公寓都是按照标准平面建造的，与周围的邻里或环境几乎没有什么关系。其中有些高楼就像是些不顾居民意愿、草草把人塞进去的巨型容器。同润会的实例则把我们带回到集合住宅思想的起点。

但是灾后重建的东京在同润会公寓之外还有其他很多非常优秀的公寓建筑。特别值得一提的就是九段下大楼（图115，之前名为今川小路共有大楼）。它是在复兴建筑助成株式会社的帮助下，在昭和二年（1927年），最初跟町家一道进行的改造项目。这栋三层的钢筋混凝土建筑是沿着街道展开的，所有权是在竖向上做分割的。每一户居住单元所拥有的土地地权不同，因为它们是相对于原初地块面街长度的比例进行单元划分的。一层的前脸都是店铺，店铺的主人要么住在一层的后侧，要么住在二层。一、二层之间是依靠传统的楼梯上下联系的。于是，一、二层的建造很像过去的町家。然而，三层是被划分成专门租给单身人士的单间公寓。通往三层的是一部临街的共用楼梯。在三层的后侧有一条侧廊，通往每一套寓所。用这样的方式，顶层公寓专供出租的城市型商业建筑开始在日本出现。此类单间公寓很快就在这一时期的城市中心蔓延开来，它也见证了一种新型城市居住者的出现。他们住在租来的公寓里，而在别处工作或学习。

与此同时，数量非常之多的民间建造的公寓建筑也出现了。其中，靠近江户桥的朝川大楼［昭和七年（1932年）］的构成就特别神奇（图116）：它在一层有公共浴室，地下层有理发店和茶屋，顶楼是单身公寓。这栋公寓楼可以说是下町建筑的典型代表，浴室、理发店、茶屋是每个町区不可或缺的要素。与住在人们熟悉的沿着里巷水平展开的长屋里一居室的方式不同，这里的居民是要住在那些竖向叠加起来的一居室公寓内的。

诸多民间建造的公寓建筑在成功地维系了传统感的同时，又积极地结合进了新的形式。我们在第一章里已经介绍过的位于麻布饭仓片町的西班牙

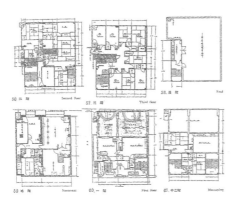

村就是这类建筑的经典之作。

这些公寓直白地反映出那个时代城市的生活方式。它们洋溢着现代主义时期城市居民所特有的那种别致。这时的城市居民在走向灿烂辉煌的城市文化的过程中找到了愉悦。虽然郊区扩张也开始引起了人们的注意，此时人们的兴趣还是高度集中在城市身上的。

如果此类公寓住宅变成了常态，如果它们的建设能够一直持续下去，那东京的居住生活结构无疑就会是另一番光景。或许，东京就会有类似于巴黎那样的城市氛围。起码，我们也就没有了当下对于城市中心空心化的种种担忧了。

但是大约从昭和九年（1934年）开始，这类城市型公寓楼的建设就几乎绝迹了。我们只需看看昭和十五年（1940年）举办的"面向家庭的公寓住宅设计竞赛"的成果，就能明白什么开始浮现了，所有的入围方案都与日后那些巨型公寓相似。它们像是一些生动的提示物告诉我们，大正末年、昭和初年关注城市的浪潮以及在当时自由主义鼓舞下所出现的真实的城市形态忽然终结了，随之而来的是日渐迫近的军国主义的脚步声。在战时的体系下，城市成了空袭的靶子，人们也就很自然地把关注点从城市身上转移开去，转向了田野和农村。

战后，当城市在经济高速增长期里扩张之后，居民再次搬到了城郊，也把城市的边界越推越远。全国各地，城市都在展示出一种离心式的塌陷，东京城市中心通过几代人积累起来的与生活交织在一起的城市文化，也随之迅速地消亡了。

结语：再次迈向城市的时代

如上所述，大正末年、昭和初年的东京，城市营造在诸多领域有了进步。那是一个市民、行政管理者、专家都对城市和城市建筑抱有巨大梦想的时代。今天，站在这座城市的街头，我们仍然常常会路遇传递着那一时期设计思想和开阔视野的建筑。

尽管日本的近代有着如此辉煌的历史，然而我们却丧失了欣赏城市生活的能力，丧失了创造丰富社会环境的感受。战后以来，就一直存在着空心化的问题。那种想要创造城市形态的愿望被扼杀了，东京的城市景观已经被简化成为剥离了文脉的单调同一性。

然而，历史似乎绕了一个圈子。最近这些年，市民们对于城市生活丰富度以及城市景观美的要求日益高涨。它们形成了一场运动，希望更为重视城市和地域文脉，让建筑设计更加适合它们所在的场所。如果我们真心希望这座城市重新变得宜居，那就有必要从现在做起。因为现在我们仍然能够很容易地接触并且关注到大正末年、昭和初年的城市思维，尽可能从中汲取宝贵的历史经验。

不过，即便我们给予现代主义的城市形态相当高的正面评价，我们仍必须从今天的立场出发思考其他侧面。现代主义营造城市的手段诞生于大正末年、昭和初年那种远大的理想主义；在追求社会进步和发展方面，当时也达到了现代化进程的高点。人们对于新的西方价值观和规划技术的采纳，多少有些匆忙。诚然，我们之前所讨论的小公园和同润会公寓并不仅仅是对外国模式的简单效仿，而是在其空间布局上展示着精致的日本式敏感力。但总体而言，行政管理者和专家在这一时期因为热切地想要提升城市市民的生活和文化水平，（起码在理念的层面上）采纳了一种拒绝现存历史以及城市传统，并视之为前现代残余的态度。结果，几乎所有沿着隅田川分布的料亭街以及下町街巷里的平民生活空间都注定会消失。

不过，从江户那里传承下来的厚重的城市文脉本质上还活着。人们对于城市的关注度是高的，那时别致的城市生活概念传承给了现代东京。结果就产生了一种新旧元素混合的颇具魅力的城市环境。在某种无意识的层面，人们娴熟地使用着既有的城市文脉，细腻地刻画着日本现代主义特有的城市空间，包括那些桥头广场与街角地块。

虽然当时的行政管理者和专家们视城市为有机体，但他们对于这座城市的历史和文化价值的判断却未免流于肤浅。[15]

他们对于城市遗产的漠视在战后经济增长时期达到了高点，剥离了思想内涵的技术占据了统治地位。在全国各地的城市里，历史街区和地方性文化被破坏，城市空间的均质化无情地推进着。因为侧重于大尺度开发的城市规划，营造城市"生活空间"的观点被压制了好多年。

而如今的城市复兴时代是一个与现代主义时代相当不同的阶段。城市的现代化和工业发展已经让我们付出了相应的代价，那就是城市和自然环境的破坏，以及地方个性的丧失。因为对于个性丧失的自我反省，也就有了对重视市民生活品质的城市政策的强烈召唤。就像诸多地方政府所采纳的诸如"文化"与"自然"、"历史"与"传统"这类口号所显示的那样，人们正在摸索着创造那些带有自己个性的地方性场所。我们正在目睹着某种过去经历的重现，它成了催生地方特色的一种要素。

此外，作为街巷个性表达的要素，事实上，明治以降的西欧化，使得人们开始关注在现代化旗帜下的城市规划网格里有多少被遗忘的场所和城市空间，关注那些在日常生活层面顽强地刻画着人与城市空间的关系，且不曾被打断的场所，关注带给今日城市魅力的场所。这是些怎样的场所呢？

它们就是那些在地方性神社边上的树林、靠近水体和植被诸如运河、堤岸等与自然要素相连的场所，它们也是城市里的町区、沿着街巷出现的生活空间、娱乐中心、热闹的去处——那些赋予城市生活以活力的典型日本式空间。它们是那些被城市规划完全遗忘了的所有场所。

并且，从我们现在所处的经济状况这样更大视野来看，对于无论是在经济上，还是在技术上都已经处于世界领先地位的日本而言，像原先那样可以模仿的国外范本自然已经不那么容易找到了。实际上，我们已经进入了一个新阶段，欧美国家在它们找寻超越西方理性主义可能性的过程中，正把焦虑的目光投向日本文化、建筑和城市的空间感。

一种思维方式也正在涌现，旨在重新发现从江户到现代东京这么漫长的历史中，那些由人的生命和文化所形成的既有城市空间和城市景观的价值观。这样的思维方式会把这些价值观当成是在未来岁月中构建我们生活环境时的关键要素。这的确是一种非常值得欢迎的思想，因为它本身对东京成为一座独特的国际性城市具有潜在的贡献。能把城市和城市环境的问题放到日常生活的维度中去考虑，这种对于人们熟悉的城市空间和城市景观的重新思考将在倡导东京人参与自己城市的建设方面发挥重要的作用。问题在于怎样将这种从过去创造城市社区时只注重合理性和技术的价值观的转移与个性化的本体联系起来。如果我们有足够的耐心和诚意，如果我们有人民的不断关注，21世纪的东京就一定有可能突破现代主义的时代局限，迎来更为多元的价值观。

参考文献

第一章

1 中村雄二郎，"作为安居场所的城市"，见《朝日新闻》，1981年9月24日，晚报。

2 樋口忠彦，《日本的景观》，春秋社。

3 川添登，《东京的原风景》，日本放送协会出版社。

4 内藤昌，《江户与江户居城》，鹿岛出版社。

5 桐敷真次朗，"天正、庆长、宽永时期江户城市街区建设中的景观设计"，见《都市研究报告》24号，东京都立大学，1971年。

6 铃木贤次，"城市中旗本住居的形态"，见《建筑史学》第2号。

7 引自《麹町区史》。

8 高柳金芳，《江户时期御家人的生活》，雄山阁学术书籍出版社。

9 川添登，《东京的原风景》，日本放送协会出版社。

10 小巷一般会开在地块南侧或是东侧，以便争取最大限度的日照可能。

第二章

1 铃木理生，《江户的河，东京的河》，日本放送协会出版社。

2 竹内诚，"仓储与江户的城市经济"，见《自然与文化》，1984年春季刊。

3 铃木理生，《江户的河，东京的河》，日本放送协会出版社。

4 引自《幕末日本图汇》，雄松堂书店。

5 参见《龟甲万牌酱油史》，1968年。

6 《江户建筑丛话》，中央公论社。

7 吉原健一郎，"江户桥广小路的形成与构成"，见《历史地理学学会会刊》第101号，1978年。

8 樋口忠彦，《日本的景观》，春秋社。

⁹ 桢文彦，《看得见与看不见的城市》，SD选书。

¹⁰ 纲野善彦，《无缘·公界·乐》，平凡社。

¹¹ 栗本慎一郎，《光明之城，黑暗之城》，青土社。

¹² 松田修，"风俗画中的芝居町"，见《近代风俗图谱》，第10卷，"歌舞伎"，小学馆。

¹³ 川添登，《日本的原风景》，日本放送协会出版社。

¹⁴ 广末保，《边缘地带的恶名之所》，平凡社。

¹⁵ 海野弘，《现代都市东京：日本的1920年代》，中央公论社。

¹⁶ 前田爱，《城市空间与城市文学》，筑摩书房。

¹⁷ 芳贺彻，《江户的比较文化史》，日本放送协会出版社。

¹⁸ 引自《幕末日本图绘》，雄松堂书店。

¹⁹ 长谷川尧，《都市走廊》，相模书房。

²⁰ 亚瑟·西蒙斯，《意大利城市》，纽约：达顿出版社，1907年，第71页。

²¹ 飨庭孝男，"城市与水：关于心智现象的新视点"，见《读卖新闻》，1980年6月11日。

²² 初田亨，"建筑中所表现的现代"，见《日刊建设工业新闻》，1982年4月19日。

²³ 花咲一男，《江户的出合茶屋》，近世风俗研究会。

²⁴ 藤森照信，《明治时期的东京城市规划》，岩波书店。

第三章

¹ 铃木理生，《江户的河，东京的河》，日本放送协会出版社。

² 横关英一，《江户的山，东京的山》，裕丰书店。

³ 阵内秀信，《城市复兴》，中公新书。

⁴ 大河直躬，《多彩的日本住宅》，山与溪谷社。

⁵ 阵内秀信，《解读东京：对下谷与根岸的历史生活环境研究》，相模书房。

⁶ 玉井哲雄，"长屋的居住者"，见《IS》住宅特辑，1984年3月。

7 李御宁，《日本人的缩小意识》，学生社。

8 前田爱，《城市空间与城市文学》，筑摩书房。

9 "银座巷路学"，见《朝日新闻》，1981年9月15日早报。

10 玛格达·雷韦斯–亚历山大，《塔的思想》，大江麻理子译，河出书房新社。

11 爱德华·莫尔斯，《日本人的家：内与外》，拉特兰郡（Rutland Vt.）：塔托尔（Tuttle）出版社。

12 前田爱，《城市空间与城市文学》，筑摩书房。

13 初田亨，《城市的明治时代》，筑摩书房。

14 玉井哲雄，"近代城市与町家"，见《日本技术社会史》，"建筑"，日本评论社。

15 玉井哲雄，"近代城市与町家"，见《日本技术社会史》，"建筑"，日本评论社。

16 初田亨，《城市的明治时代》，筑摩书房。

17 藤森照信，《明治时期的东京城市规划》，岩波书店。

第四章

1 《光辉的1920年代》，朝日新闻社。

2 海野弘，《东京，现代大都会》，中央公论社。

3 森下庆喜，《城市规划教程汇编》，1922年。

4 海野弘，《东京，现代大都会》，中央公论社。

5 见《首都复兴事业志》。

6 东京的桥研究会，"桥与地域环境的设计思想"，见《日刊建设工业新闻》，1983年11月1日。

7 见《首都复兴史》。

8 石原宪治，《现代城市规划》。

9 森下庆喜，《城市规划教程汇编》，1922年。

10 东京都造园协会编，《绿的东京史》，紫红社。

11 造园集团，"公园的使用管理"，见《ula》，第6号。

12 小野武雄，"对公寓住宅的思考"，见《建筑杂志》，第379号。

13 森下庆喜，《城市规划教程汇编》，1922年。

14 松本恭治 编，"生活史：同润会公寓"，见《都市住宅》，1972年7月刊。

15 石原宪治，《现代城市规划》。

（根据日文版的正文整理）

后记

东京作为一座巨大而复杂的城市，对其从文脉的角度加以解读，那种一根筋的方式显然是不现实的。不过，非常辛苦地翻阅每一章，辛苦地阅读完之后细细回味一下的话，也会体味到这就是城市。为什么我们要在这里罗列出"下町""山手地带"与"水岸""山边"这些两种空间的谱系，以及围绕着"前江户""江户""文明开化""现代主义""战后高度成长""后现代"展开时间谱系的多重引用，原因在于那些都是只有这个城市才具有的独特姿态或其独特的气质才能孕育的。如果能够读懂东京的话，那么面对日本，甚至是世界上任何城市，都将无所畏惧了。

我把研究对象定格于"文脉=东京"是自8年之前。当时刚从意大利留学回国，成为法政大学客座讲师的我，把学生的"地域调研"对象确定为东京。"东京的城市研究会"的自主性研究组织也因此诞生。

尽管如此，我们却没有一丝要将东京的整体进行随意调研的想法。我们没有要竖起大旗的宏大目标，而是到东京的街巷去走走看看。调研就是伴随着这样轻松的想法开始的。

终于，我们对像东京的下谷、根岸（台东区）等这些在地震和战争中得以保全下来的传统街巷地区，以及留存于下町的人际关系进行了了解，在感动之中完成仿佛做梦一般的调研。作为调研的方法，我们将"住居"置于"城市"的文脉之中进行类型学的分析，从而对地域生活空间结构进行解读。我将我在威尼斯使用过的方法几乎全部用在了这里（《阅读东京之町》）。

不过，像这样将"情绪""传统"这些带有强烈意向性的内容一并强行加入"下町"之中，是否就能够吃透东京城市的现实生活呢，答案是不言而喻的。那时的我们决定转换视角，将目光移至作为近代东京基础的"山手地带"，以山手线（译者注：JR东日本的东京电车环线）内侧几乎全域作为对象进行了调研。

这样的范围，大到让人无可奈何。不管怎么说，每个星期天，我总是拿着江户的老地图和复原地图，跟着学生一起漫步东京，持续地进行调研。脚踩着武藏野高地感受那种起伏，而我们的全身心则似乎体味到了生活在历史中的人们那鲜活的空间。四处听说的那些久已远去的故事，各种各样带着浓郁意味的"场所"（Topos）及其意向也仿佛已经充斥在我们的周遭。对于东京地域调研所带来的未曾预料的趣味，经常令我们感到震惊。

话说回来，我在东京研究中最为关心的并不是对那些过往既有史料的严密调查，而是将视线放在了对眼前这个非常特别的城市，它呈现与成立的要因，引入历史的观点加以判别。为此，我自然会将关注点定格在文明开化以降，在东京生活的人们，他们是如何接受西欧的异文化，又是如何将它们融入街巷变化之中的。

不过，在我调查山手地带时，更为深刻地感受到了现代主义的影响力。我开始担心会忘记日本城市的基本结构，那种我在很久之前靠直觉把握的结构。我意识到时机到了，该重新回头研究一下江户时代东京的下町空间了，但应该采用一个新的视角。我开始试图把我所喜欢的几个主题联系起来：威尼斯的水城和东京的水城。这一发现，也就是江户时代东京作为一个水上国际城市的发现，是一个意外的突破。我有一个朋友在下町环境里长大。应他的邀请，我们乘船去佃岛。这次水上游东京的动态空间体验在一个新的层面打开了我解读东京的视野。

这次航行也让我第一次认识到樋口忠彦（译者注：日本景观工程学家，1944年～）从"山边和水岸"角度讨论东京的价值。渐渐地，我开始明白，江户时代东京的水系甚至比威尼斯的水系更为重要，塑造着东京这座城市的结构。很显然，为了支持我的观点，我不能把我的城市空间认识仅仅聚焦于日常的或者说世俗的世界，还要延伸到非日常的世界，也就是神圣空间里去。

我那时已经完成了一些调查，觉得自己差不多已经把握住了上城。我开始想从这个新的视角去看整座城市了。这时，我从桢文彦（译者注：日本建筑师，1928年～）有关"奥"的概念（译者注：桢文彦对日本传统空间曾以需要深入内部层层探幽的"奥"的小宇宙加以概括）中获得了启示。许多年前，我的一位好友就问过我："用你的这种方法，能把一座城市解读到什么程度？"这一问题一直盘桓在我的脑海中。这时，我觉得我终于已经找到可以揭示东京深处所隐藏的结构和意义的线索了。

通过这些年的试错过程，我对东京的调查方法已经在诸多方面偏离了我当年所学的建筑史的传统调查方法。我从意大利带回来的城市研究方法也显得不很充分，起码是不能独自成立。我们可以直观勾勒出欧洲城市整体组织和建筑背后的原理，但面对日本城市时却做不到。在日本，如果你不了解城市基本结构与自然和宇宙的有机联系，你就看不出本质来。

出于这一原因，我在书名里大胆地使用了"空间人类学"这个奇特的标题。我相信这种把自己置身于当代东京城市空间的方法，直接去体验人类活动所积累的记忆和意义，进行实地田野调查，用比较的视角阐明城市特殊结构的形成过程；事实上，也就是一种人类学的方法。因此，这个标题体现了我要从一个新角度去捕捉东京的意图。

我曾经参与了我在东京大学历史研究室的导师稻垣荣三（译者注：日本建筑历史学家，1926～2001年）指导的"居住史研究会"的研究活动，并且在思考城市和社会史调查方法论方面，从稻垣荣三那里获得了极大的启发。这也是晚近海外热议的一个话题。我还曾有幸参加过另外两个小组：其一就是在过去这些年里，由国立历史民俗博物馆的塚本学（译者注：日本历史学家，1927～2013年）带领的"近代都市江户町区的研究"联合团队；其二是由藏持不三也（译者注：日本文化人类学家，早稻田大学教授，1946～）和关一敏（译者注：日本宗教人类学家）带领的、由在文化人类学和民俗学方面十分活跃的（年龄相仿）年轻人所构成的"道之会"小组。这样，我才接触到了城市领域的研究方法。我要对所有帮助过我的小组成员们表示最深的谢意。

最后，我还要对筑摩书房的井崎正敏先生表示由衷的感谢！是他对本书的策划、写作直至完成给予了宝贵的建议与鼓励！

阵内秀信

1985年3月14日

文库本后记

在当今世界的城市当中，没有哪座城市比东京变化得更快。1985年之后的这些年里，也就是本书出版面世的这些年里，东京的激变仍然是史无前例的。现在，借着本书英译本即将问世的机会，我想对过去几年间的变化作一次个人的回顾。

对于东京这座城市来说，1985年和1986年是特别重要的。前者标志着"东京热"（Tokyo Boom）的到来，出现了大量有关江户和东京的出版物。在各个领域，也都出现了重新发现"东京"城市空间的"历史、生活、文化"价值的活动。在这几年里，这些研究似乎突然呈现出一种一致化的倾向。对于我们这些一直坚持谦卑地体验城市的"法政大学东京城市研究会"成员们来说，这种热潮来得实在令人惊喜。

这种价值观的转变是有着值得深思的社会背景的。1973年石油危机之后，日本社会重新恢复了平衡，由此，人们开始冷静、客观地检讨自己迈向现代性的无情脚步和惊人步伐。过去对于生产的一味追求完全让位于一种可持续的对我们所共享的城市与环境的关心。人们开始把思考的关注点转向了历史和文化。随着片面追求理性和功能性的现代主义城市与建筑的局限变得越来越清晰，迈向一种可以克服这些局限的"后现代主义"的运动变得越来越强烈。而我们对于江户前现代文化的关注，很大程度上，恰好吻合了这种运动。于是，当我们努力为后工业社会创造新的价值观时，却经常发现自己是在参照着过去。

电视和杂志这样的大众传媒也对东京的"看城市"（town watching）活动给予了慷慨的关注，导致很多居民乐于自己步行去探秘城市。东京都以及各区政府也纷纷挖掘自己地区的特色；令人欣慰的是，这种意识也体现在了社区建设之中。

我参加过与小木新造（译者注：日本江户与明治时期的平民史学家，1924～2007年）倡导的 "江户东京学"主题有关的一些研究活动，其中包括

《江户东京学辞典》（三省堂，1987年）的编撰。与习惯上将江户和东京分开来研究的做法不同，我们倡导强调二者之间连续性的视角。这样的概念框架以及把江户东京当成对象的城市研究是富有新意的。这一所谓"江户东京论坛"的交叉学科群体已经完成了一部相关著作的出版（小木新造编．江户东京读本．筑摩书房，1991）。

在意大利留学期间，我时常徘徊在威尼斯街头，体会"阅读城市"的趣味。如今，走在东京，面对民众关注"城市学"的高涨热情，当初的体会更加深刻。即使发展到一个成熟的社会，人们对自己的城市的关心也会被引发出来。

1985～1986年这段时间，大规模的开发建设在东京展开。我们现在看到的是扩张的泡沫经济正在开始，在日本的外国居民人数激增，计算机和电脑开始进入我们的日常生活，"国际化"和"信息化"浪潮向我们袭来，东京变成了一个世界性的金融中心。这种从制造"物"的工业社会向流通资金和信息的先进信息社会的转变开始有了清晰可辨的雏形。随着这样的趋势，东京的城市景观也在悄然发生着转变。

对于办公空间的需求大幅度增加，很快，到处都是激烈的辩论声——到底还需要多少超高层建筑去满足这样的需要？100栋？不，200栋！那些下町旧区里剩下来的木头房子就成了开发的目标；土地投机者在幕后做着非法活动，一栋接一栋的高层就这样快速地冒了出来。当土地价格升到了顶点，人们在东京拥有属于自己的房子就变成了越来越难以实现的事情。在这种情况下，把各种功能集结到东京的极端做法，其负面效应已经显出来了。

在这样的条件下，各式各样的"东京改造项目"一个接一个地出笼了，每一个计划都允诺解决城市问题，并把东京改造成国际金融中心。一夜之间，东京沿海岸的那些工厂与仓库就出现在了聚光灯下，因为那里要被改造成国际金融中心。已经放弃很久不用的大片填海计划占据了中心舞台。各种各样沿海岸布置的光鲜未来城计划出现了，其中有些项目现在已经竣工。

这类项目通常会使用英语里的"水岸"（Waterfront）和"湾区"（Bay Area）去包装滨海地带的形象，这样的用法如今相当时髦。在有关"东京论"的出版物中，那些关注历史和文化的作品逐渐被大量有关城市重建或土地问题的粗浅写作所代替。

当这些大规模开发推进时，历史建筑就一个接一个地消失了。在那里住了多年的居民也被迫离开自己的家。对于像我们这样研究城市的人来说，这一时期的确是严峻的时期。

在这一时期，我把"空间人类学"的关注对象延伸到自战后至今现代的"集会场"意义的探求上。此外，关于"城市空间中的集会"，我也对东京各处进行了调研。通过在调查路线上加入舟行东京一项，就是沿着城市内部水系的隅田川和运河驶入东京湾的路线，我拓展了首都城市空间研究的视野。当我在作这些调查时，就一直忧心着这座城市在没有清晰理念或展望的前提下陷入疯狂变化的草率之中。

幸运的是，最近几年里，关注我所致力的这类城市研究的人数在急剧增加；在各个领域，充满活力的研究开展了起来。由板垣雄三（译者注：日本的伊斯兰学家，1931年～）所指导的对"伊斯兰城市性"的研究项目就是其中最具标志性的。不只是伊斯兰城市的研究者，还有其他文化领域的专家开始合力应用交叉学科比较研究的方法；其结果就产生了对于城市功能、形态、结构、意义的最具启发性的辩论。我因为一直对伊斯兰城市抱有兴趣，也从建筑学的角度加入到这些讨论当中；从中收获颇丰，而最大的收获莫过于通过接触，加深了我对日本城市研究的兴趣。

去年，我有机会实现重回威尼斯的心愿，再次徜徉在这座水上迷宫中；尽管这一次是从与我学生时代十分不同的视角去看这座城市，我对东京15年研究所积累的经验在我重游威尼斯时仍然有着巨大的帮助。从空间人类学的视角去理解这座城市实在是件神奇的事情，其成果就是出版了——《威尼斯：水上的迷宫城市》（讲谈社，1992年）一书。

今年四月我返回日本，发现东京的情形又发生了变化。这里到处都流传着一个从未听过的说法："泡沫经济的破灭"。开发热完全平息了。所到之处，我听到的都是难以置信的传言：新的办公大楼没有租户，地价和房价猛降。曾经打造起这个虚幻世界的金钱游戏和地产投机发生了硬着陆。从某种意义上来说，这样的崩盘代表着常态的回归，仿佛经济在经历了几年疯狂的开发热潮之后，又重新回到了起点。这样的惨痛经历暴露出日本远不是一个成熟社会的事实。

如今，东京在砂地上建起的城堡坍塌了，城市建设需要再次回归坚实的基础，从这里才能构建未来。毫无疑问，对于这样的构建来说，"历史、生活、文化"将被当成至关重要的基础。来自这座城市过去的风景和故事仍然会持续浮现出来。本书所采取的方法，亦即让构成这座城市生活基础的层层历史和文化清晰地浮现的方法，似乎愈发有用。

令我十分欣喜的是，外国人对于东京城市空间的兴趣也越来越高涨。能在无尽的活力和表面的混沌中，获得某种稳定的秩序以及某种结构，东京这座城市似乎拥有某种神奇的魅力，也令人翘首以待它的未来。我希望本书的英译本能在国际化层面，为推进城市空间比较研究的大力发展做出小小的贡献。

阵内秀信

1992年8月14日

译后记

翻译阵内秀信先生的《东京的空间人类学》，对我来说，称得上是一次奇遇。几年前，我去东京参观，还在东京工业大学读硕士的平辉同学带我游了趟东京。途中，看到平辉随身携带的袖珍书里有很多东京的旧地图，就问他那是本什么书。于是，平辉向我推荐了阵内先生的这本《东京的空间人类学》，并说此书早已有了英译本。阵内秀信并不是个陌生的名字。我家里就有1990年代他带着中日学生作的北京空间调查报告，也是对照旧地图跑现场的做法。回到大连后，我马上找来此书的英译本，边读边译，欲罢不能。像这样专注于从空间人类学的视角，长期调查一座城市，弄清一座城市肌理和历史缘由的著作，并不常见；写得好的，就更少了。遂萌发了译介此书的想法。

我不懂日语，也不了解东京，无论如何我都不该是翻译此书的最佳人选。特别是当我找来此书的日文原著时，发现原著与英译本还是有所不同的。比如，英译本删掉了日文本中对于意大利广场和教堂钟楼的介绍，增补了对日本传统建筑样式的解释。这显然是因为语境变化而产生的内容调整。这样一来，英、日两个版本连插图都不完全相同。我开始犹豫。心想，算了，还是交给别人译吧，于是就联系了刚刚完成博士论文答辩的郭屹民老师，希望他把翻译的工作接过去。郭屹民老师很热心，却不愿意放弃英译本。他提出了一个折中方案。由我完成本书的英译汉，然后，他依据日文本进行校对和局部的增补。读者如今读到的这个译本就是这种工作模式的产物。在这个意义上，郭屹民老师已经是这本书的译者之一了，无须推托。

为何我译了一本本不该由我翻译的书籍呢？有两个理由。其一，空间人类学这门分支学科也构成了我个人在1990年代研究和实践的核心。在这一交叉学科领域，学术成果并不丰硕；任何著作的问世都值得关注，何况这是一本浸透着汗水的好书。读过此书的人一定会与我有相同的感受：作者下的都是苦功夫。阵内秀信先生花了8年时间，一步一个脚印地步行了东京全城，对比古今地图，首先厘清城市的基本格局与变化本身，其次厘清这些格局与变化的结构性或事件性缘由，再次将之放到城市史的过去与未来的关系中加以理解和体会。如果说人类学的基本精神就是在场的力量，那么阵内秀信先生的确用行动体现了这种精神。其二，我住在大连。虽然近代意义上的大连最初是由沙皇时代的俄国工程师规划的，城市格局的底子明确无误是巴洛克式的；可自1904年之后，都是日本人在占据和经营着这座城市。到1948年日本侨民被遣返时，总人数已经达到了23万人。这就意味着我们如今想要了解大连这座现代城市的空间结构与建筑类型在1904年到1945年这段时间里都发生了什么，并不能仅以中国其他城市的历史经验作参照，而是要将之与日本本岛的城市建设史放到一起去理解。比如，安田武雄在大连税关关长别墅前做了一条45°转角的轴线，全大连唯此一处。过去一直不解内情，读了《东京的空间人类学》，才知道这种45°转角的轴线算是20世纪初的一种时尚，与东京宅邸门前庭园西化的潮流直接相关。

当然，即使不研究大连城市史，不是建筑、规划、景观、历史的读者，《东京的空间人类学》仍是一本深度导览东京街区的有趣之书，读来发人深省。希望我们译介本书所付出的绵薄之力能有助于汉语读者了解阵内秀信的城市思考。

刘东洋
2014年8月于大连

著作权合同登记图字：01-2017-6032号

图书在版编目（CIP）数据

东京的空间人类学 /（日）阵内秀信 著；刘东洋，郭屹民 译 .
北京：中国建筑工业出版社, 2018.8（2022.7重印）
ISBN 978-7-112-22092-2

Ⅰ. ①东… Ⅱ. ①阵… ②刘… ③郭… Ⅲ. ①城市空间 –
研究 – 东京 Ⅳ. ①TU984.313

中国版本图书馆 CIP 数据核字(2018)第 077367 号

责任编辑　刘文昕　张　建
书籍设计　瀚清堂　张悟静
责任校对　王　烨

东京的空间人类学

［日］阵内秀信 著 / 刘东洋 郭屹民 译

中国建筑工业出版社出版、发行（北京海淀三里河路9号）
各地新华书店、建筑书店经销
南京瀚清堂设计有限公司制版
北京富诚彩色印刷有限公司印刷

开本：787×1092 毫米　1/32　印张：8¹/₂　字数：207千字
2019年3月第一版　2022年7月第二次印刷
定价：59.00元
ISBN 978-7-112-22092-2
　　（27479）